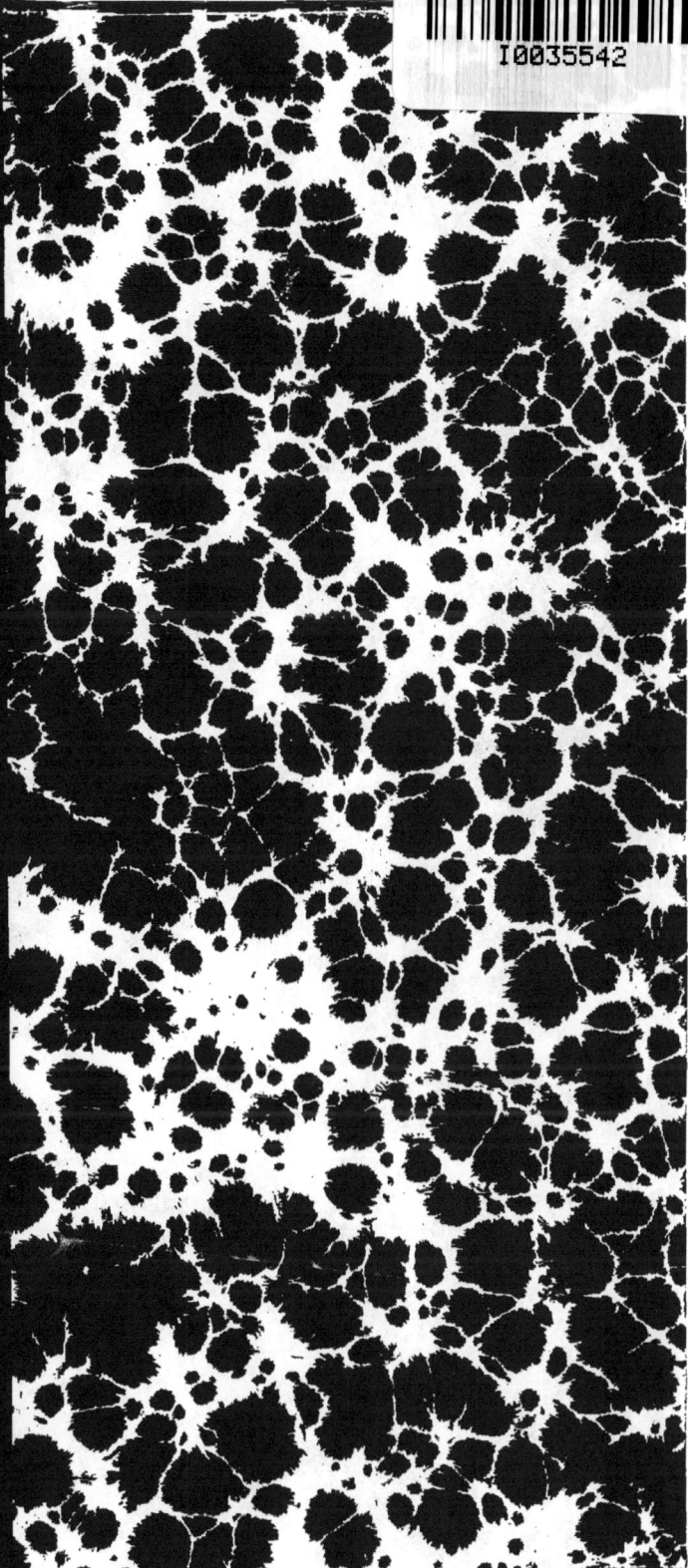

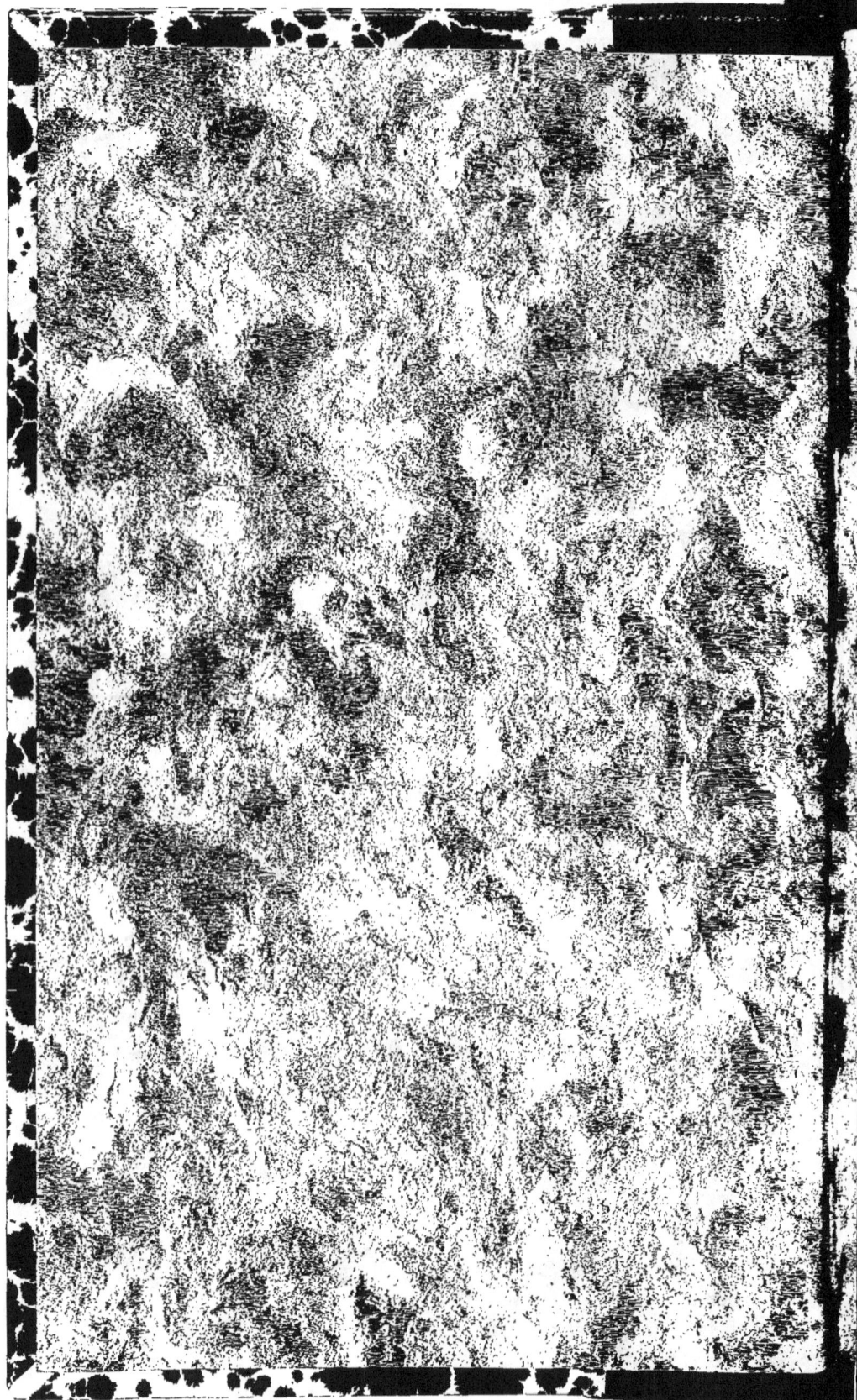

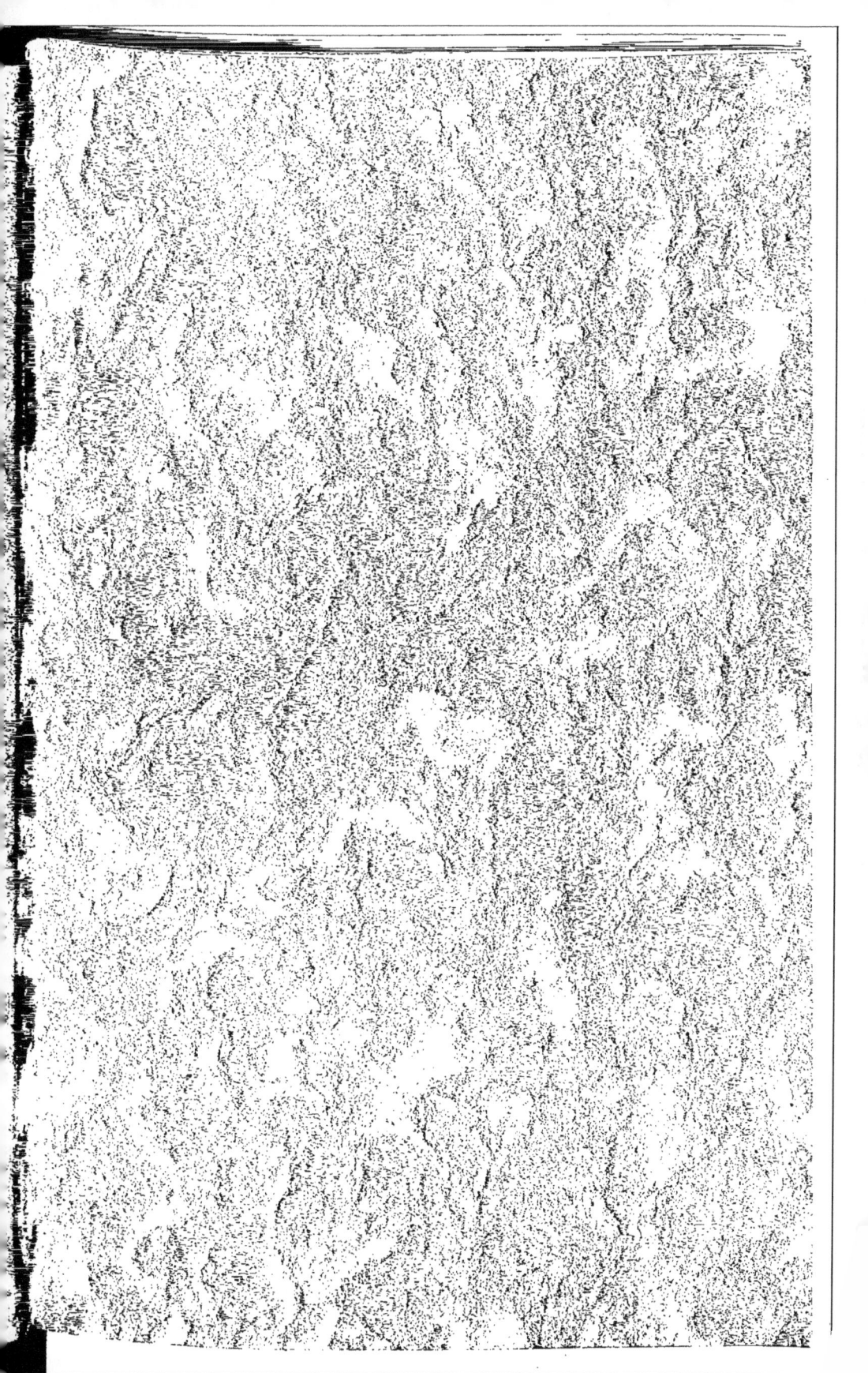

L'ART

D'AVOIR DES ENFANTS

SAINS DE CORPS ET D'ESPRIT

I

L'ART
D'AVOIR DES ENFANTS

SAINS

DE CORPS ET D'ESPRIT

PAR

LE DOCTEUR L. NOIROT

PARIS

LIBRAIRIE ANCIENNE ET MODERNE

ÉDOUARD ROUVEYRE

1, rue des Saints-Pères, 1

1881

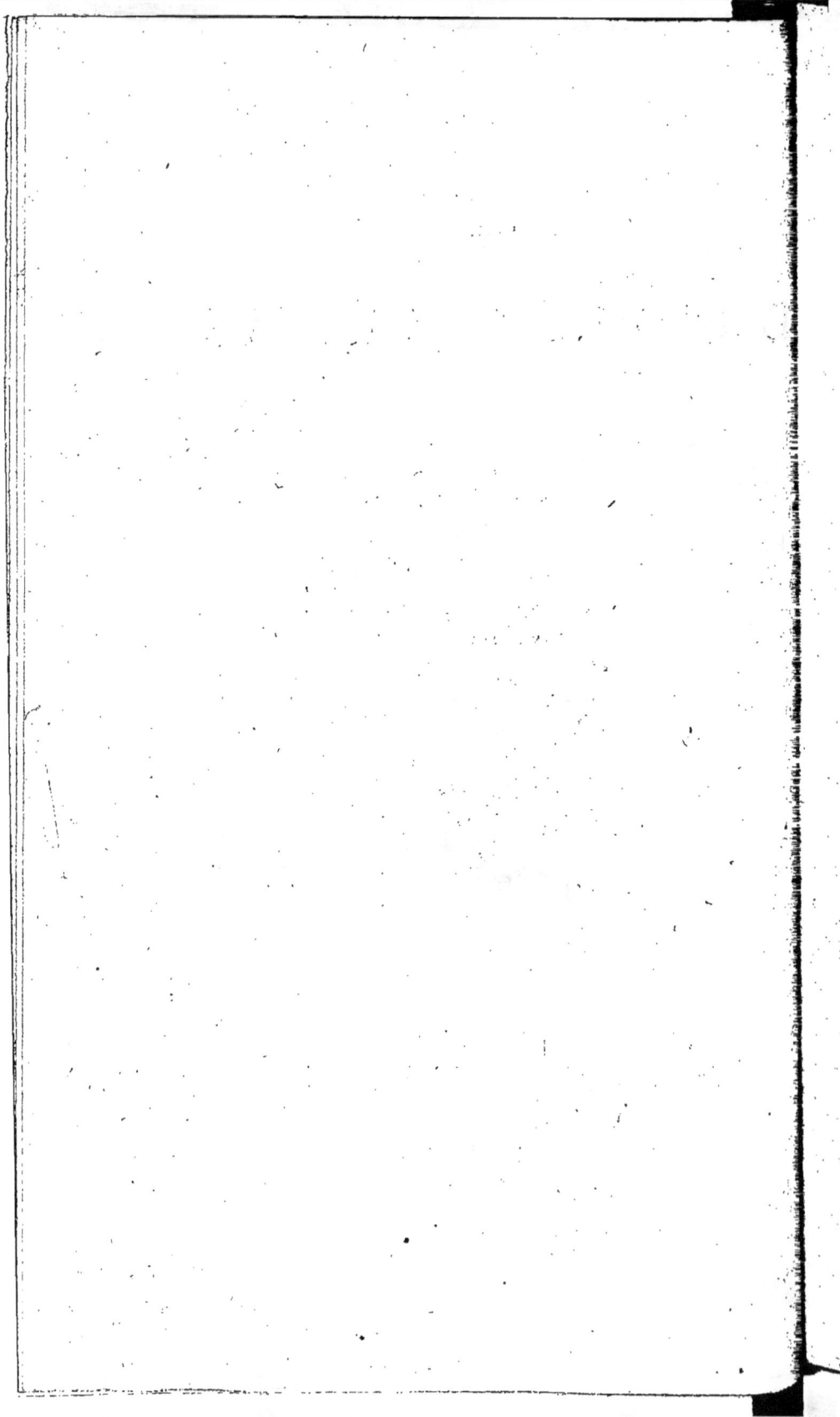

PRÉAMBULE

Si quelque perfonne fe fcandalife, qu'elle accufe plutôt fa propre impudicité que mes paroles.

Saint Augustin.

Pythagore s'indignait de la légèreté insoucieuse avec laquelle ses contemporains préparaient, dans les conditions du mariage, l'organisation physique & morale de l'enfant.

Comme contraste il faisait remarquer avec quel soin minutieux les éleveurs d'animaux domestiques étudiaient & mettaient en pratique les procédés qui pouvaient le mieux garantir la beauté de leurs produits.

✿ ✿

La zoogénie moderne a poussé jusqu'à ses dernières limites le perfectionnement des animaux qui servent aux plaifirs de l'homme, l'aident dans fes travaux, ou fourniffent des matériaux à fon alimentation.

Par des combinaifons ingénieufes elle eft parvenue à « modeler la ftructure du bétail comme le ftatuaire pétrit l'argile, » & elle a enfanté des chefs-d'œuvre.

L'efpèce humaine eft la feule qu'on ait peu fongé à améliorer.

L'intervention de l'hygiène dans la génération eft auffi peu comprife de nos jours en France qu'elle ne l'était il y a vingt-quatre fiècles dans l'île de Samos.

Ne prendrait-on pas pour un trait fatirique moderne cette réflexion du poète grec Théognis, qui vivait 600 ans avant l'ère chrétienne : « Quand on « veut avoir des chiens ou des chevaux, on choifit « les meilleures races ; mais quand il s'agit de « choifir une femme ou un mari on prend ce qu'il y « a de pis, pourvu qu'il y ait des écus ? »

❧ ❧

On peut dire que les enfants font, avant la naiffance, les plus négligés des animaux.

Le fait « d'appeler des hommes à la vie, » le

plus folennel des actes phyfiologiques, fi nous pouvons nous exprimer ainfi, eft précifément celui qu'on abandonne le plus légèrement à toutes les éventualités du hafard.

L'artifte rêve la perfection dans tout ce qu'il façonne, & cherche à fe perfonnifier dans l'ouvrage qui doit fortir de fes mains.

Seul, l'homme qui fe reproduit ne comprend pas qu'étant appelé à concourir dans une certaine mefure à la création de fon femblable, il devrait chercher à s'élever à la hauteur de fon œuvre.

« Nos hommes, difait un moralifte du XVIᵉ fiè-« cle, vont à l'eftourdie à l'accouplage, pouffés par « la feule envie qui les chatouille & les preffe. S'il « en advient conception, c'eft rencontre, c'eft cas for-« tuit. Perfonne n'y va avec délibération & difpofi-« tion. »

⚜ ⚜ ⚜

Depuis l'époque où Tobie recommandait à fon fils de fe marier plutôt pour avoir des enfants fains que pour donner fatisfaction à fes befoins charnels, jamais peut-être les préceptes qui régiffent l'union des époux *au point de vue des êtres qui doivent en résulter, n'ont été aussi négligés que de nos jours.*

Et cependant, si le mariage a toujours été un acte périlleux, il n'a jamais présenté, comme disait Montaigne, « des circonstances aussi espineuses » qu'à l'époque où nous vivons.

Tout se réunit pour rendre difficile le choix d'une tige saine au physique & au moral.

La syphilis, après avoir infecté les classes élevées & les centres industriels, s'infiltre déjà dans les populations agricoles, & menace de corroder un jour la nation française tout entière, comme elle corrode depuis longtemps l'Angleterre & certaines villes des Etats-Unis, New-York, par exemple, où plus de cent mille individus sont traités chaque année pour cette affection.

La folie prend une extension inconnue jusqu'ici, conséquence inévitable du mouvement d'ambition fiévreuse qui entraîne toutes les existences, de la dépravation de la sensibilité par une littérature malsaine, & surtout de ce système absurde d'éducation qui surmène les jeunes intelligences, pour les livrer ensuite épuisées, mais présomptueuses, aux luttes & aux défenchantements de la vie.

L'alcoolisme, qui frappe d'une double dégradation

physique & morale non seulement ceux qui s'y adonnent, mais leur progéniture, fait d'effrayants progrès par suite de ce besoin impérieux que semble éprouver notre société malade, de se créer une vie cérébrale artificielle.

Les maladies vaporeuses ne sont plus, comme autrefois, l'apanage presque exclusif du sexe faible. « Les hommes, dit un auteur, avaient jadis du sang ; maintenant, ils ont des nerfs ; ils ne supportent plus la saignée ; leur médecine est celle des antispasmodiques & des calmants. »

Par-dessus tout plane la scrofule, qui domine la pathologie non seulement des classes déshéritées, mais de la classe opulente, & exerce une influence néfaste sur la génération actuelle, tant par sa fréquence que par ses transformations héréditaires.

Que dirons-nous de sa proche parente, la phthisie pulmonaire, qui enlève le tiers de la population adulte, & qui a le triple privilége de se développer d'une manière spontanée, de se propager héréditairement, & peut-être de se transmettre par contagion ?

Quand on songe que toutes ces misères physiques & ces infirmités morales font souche, « & se doublent quelquefois par hérédité, » on se demande s'il n'arrivera pas un moment où l'autorité, sur la réquisition de l'hygiène publique, ſera obligée d'intervenir dans l'aſſortiment des époux.

⁂

Au milieu de tous ces dangers, le mariage, qui ne devrait être conclu qu'après de prudentes inveſtigations, n'eſt le plus ſouvent qu'un marché cimenté à la hâte par la cupidité & l'ambition.

Très peu de pères ſont de l'avis de Thémiſtocle, qui aimait mieux pour ſa fille un homme ſans argent que de l'argent ſans homme.

On ſuppute l'actif & le paſſif des futurs conjoints ; on met en ligne de compte les eſpérances les plus lointaines ; mais on ne ſonge pas au terrible héritage des maladies & des infirmités.

Par une ſingulière contradiction, c'eſt préciſément la claſſe la plus dégradée qui eſt la moins ſoucieuſe de l'avenir de ſes rejetons.

Jadis, quand des rois ou des princes « épouſaient des bergères, » ils obéiſſaient preſque toujours à un beſoin inſtinctif de régénération ; ils retrempaient dans le ſang plébéien une tige étiolée & abâtardie.

De nos jours, quand un perſonnage blaſonné contracte une mésalliance, ce n'est plus pour rajeunir une vieille souche; c'est pour remettre à flot une fortune qui a sombré.

Souvent même c'est une femme perdue, ou une artiste de mœurs équivoques, qui est appelée à réparer les désastres financiers.

❧ ⁂ ❧

Nous n'avons pas, en publiant ce travail, la prétention de remettre en honneur la mégalanthropogénésie.

En rêvant la possibilité de créer à volonté des hommes de génie, on a compromis la science, car on lui a plus demandé qu'elle ne pouvait réaliser.

N'est-ce pas se repaître de chimères que d'espérer produire artificiellement des Newton qui surpasseraient autant le Newton anglais, que l'inventeur du calcul infinitésimal a surpassé l'imbécile Ostiaque, qui compte à peine jusqu'à trois?

Nous voulons simplement vulgariser la connaissance des moyens rationnels de procréer des enfants sains & intelligents.

Ces moyens, nous le verrons, peuvent être rangés sous deux catégories.

Les uns, en améliorant le fonds natif de la vitalité, concourent d'une manière directe à doter richement le nouvel être au physique & au moral.

Les autres, préventifs, consistent à conjurer les influences fatales qui peuvent amener sa dégradation organique ou intellectuelle ; celles, par exemple, qui résultent de la consanguinité et de l'état d'ivresse des générateurs au moment de la conception.

❧ ❧

Il est un reproche qu'on adresse généralement aux écrivains qui s'occupent de réglementer l'acte anthropogénique : c'est celui de réduire la sainte institution du mariage à un acte purement animal.

On leur jette même quelquefois à la face une imputation dont on a étrangement abusé dans ces derniers temps, celle de matérialisme.

On oublie ces belles paroles : « Il n'y a ni livre ni « raisonnement qui fasse connaître plus clairement « Dieu que l'étude des lois de la génération. »

Nous verrons que l'application de ces lois au per-

fectionnement de l'homme eſt une des matières de la
phyſiologie où les enſeignements de la ſcience ſont en
plus parfaite harmonie avec les préceptes de la morale
& de la religion.

CHAPITRE PREMIER

INFLUENCE DE L'ÉTAT MENTAL DES PARENTS, AU MOMENT
CONCEPTUEL, SUR L'ORGANISATION PHYSIQUE
ET MORALE DE L'ENFANT.

La première éducation regarde la génération & portée au ventre; elle n'eſt pas eſtimée
avec telle diligence qu'elle doibt, combien
qu'elle donne la trempe, le tempérament, le
naturel.

CHARRON.

ON fait que Triſtam Shandy était fort diſtrait, & qu'il attribuait cette particularité de ſon caractère à une circonſtance toute fortuite.

Au moment où il allait paſſer de l'état d'ovule à celui d'embryon, ſa mère avait tout à coup interrompu l'auteur de ſes jours par ces malencontreuſes paroles : « Je crois, mon ami, que tu « as oublié de remonter la pendule. »

Sterne, en mettant dans la bouche de ſon héros cette boutade humoriſtique, exprimait un des faits les mieux avérés de la phyſiologie :

2

« L'influence qu'exerce fur l'embryon l'état
« moral des facteurs au moment de la con-
« ception. »

⁂

Ce mode d'influence, trop méconnu de nos
jours, n'était pas ignoré des anciens.

Héfiode confeillait « de ne point engendrer
« d'enfants quand on avait été aux obfèques &
« funérailles des trépaffés, mais bien après avoir
« été en comédies joyeufes, parce que, difait-il,
« la femence transfère la joie, la triftefse & fem-
« blables affections en la procréation des
« enfants. »

Cette affertion du poète contemporain d'Ho-
mère a été fouvent confirmée par l'expérience.

Nous n'en citerons que deux exemples :

Saint-Simon raconte qu'un fils de Mme de
Montefpan, conçu dans une crife de larmes &
de remords provoquée par les cérémonies reli-
gieufes du jubilé, garda toute fa vie un caractère
de triftefse qui le fit nommer par les courtifans
l'enfant du jubilé.

M. Devay dit avoir connu un jeune homme sur la vie duquel pesait une de ces tristesses incurables, de ces ennuis profonds dont la confidence ne peut se faire qu'à un médecin.

Ce sceau fatal avait été imprimé à son organisme au milieu des circonstances émouvantes & terribles dans lesquelles il avait été conçu.

❧ ❧

Platon, Aristote, Hippocrate & Galien soupçonnaient ou connaissaient le pouvoir de l'état moral du père & de la mère au moment de la fécondation ; mais de tous les auteurs de l'antiquité, c'est Pline qui a le plus contribué à accréditer la réalité de ce phénomène physiologique.

Suivant lui, c'est à la mobilité de l'imagination de la femme qu'il faudrait attribuer les dissemblances qui existent entre les enfants d'une même mère.

« Pour cette raison il y a plus grande diversité an la seule espèce des hommes qu'an tous les autres animaus. Car la vitesse & légèreté de l'esprit & des pansées imprime diverses notes. Mais

les efprits des autres animaus font immobiles &
samblables an tous, chacun an fon efpèce. Dont
Cicéron dit bien que la famblance appert moins
aus beftes qui ont l'efprit fans raifon. »

Saint Thomas d'Aquin partageait cette opinion.

Ce grand théologien, qui était un des
hommes les plus favants & les plus profonds du
XIIIᵉ fiècle, & que le pape Pie V mit au nombre
des docteurs de l'Églife, penfait que l'imagination avait une forte d'énergie fur la matière
corpelle.

« La caufe des diffemblances doit être cher-
chée, difait-il, dans le pouvoir de l'imagination
in congreffu. »

༺ ⚜ ⚜ ༻

Il eft inconteftable que « les efprits » font
moins « mobiles » chez les animaux que chez
l'homme ; cependant il ne faut pas croire que chez
eux les perceptions, au moment de la fécondation, n'aient aucune influence fur leurs produits.

« On croit, dit un vétérinaire éminent, J.-B.
Huzard, qu'il eft utile, par rapport à la confor-

mation du poulain, de bien expoſer l'étalon à la vue de la jument & de le lui laiſſer flairer avant & après la monte, pour qu'elle s'en imprègne vivement la figure. »

« Il eſt prouvé, dit un ſavant profeſſeur de l'École impériale vétérinaire de Lyon, qu'indépendamment des qualités phyſiques & morales dont ſont doués les reproducteurs, l'état actuel de ſanté, de bien-être, de gaîté dans lequel ils ſe trouvent au moment de la monte, exerce ſur les produits une grande influence.

« Auſſi à l'époque de l'accouplement doit-on, plus qu'en tout autre temps, traiter les animaux avec la plus grande douceur, & adoucir autant que poſſible envers eux le joug de la domeſticité. »

❧

Certains faits prouvent même qu'un trouble violent au moment de la fécondation peut altérer chez les animaux l'organiſation de l'embryon.

Une des obſervations de ce genre les plus curieuſes eſt celle que rapporte Sigaud de Lafond.

Ce célèbre phyſicien dijonnais, qui était en

même temps un habile chirurgien, raconte qu'une chienne, paralyfée du train de derrière par un coup de bâton reçu fur l'échine pendant l'accouplement, mit bas huit petits qui, à l'exception d'un feul, reffemblant à fon père, avaient le train de derrière paralyfé ou mal conformé.

On trouve un cas analogue dans les *Tranfactions de la Société linnéenne*.

Un domeftique de M. Milne, en ôtant un chaudron du feu, marcha lourdement fur la queue d'une chatte pleine qui fe trouvait près du foyer, & qui, après avoir jeté un cri perçant, fortit de la chambre en donnant des fignes d'une vive épouvante.

Quelque temps après cet accident, la chatte ayant mis bas, la moitié de fes petits fe trouva avoir la queue courbée à angle droit dans le milieu, & autour de l'angle il y avait un nœud plus épais que le refte de la queue.

✿ ✿

Le genre de trouble intellectuel qui, chez l'homme, femble frapper l'embryon de la plus funeste empreinte & dont les effets ont été le mieux constatés, c'est l'ivresse.

Molière connaissait la doctrine de l'infériorité morale & physique des enfants conçus dans le délire de l'ébriété.

Sosie, dans *Amphitryon*, s'appuie sur cette donnée physiologique pour s'excuser de certaine omission conjugale :

> Les médecins disent, quand on est ivre,
> Que de sa femme on se doit abstenir,
> Et que dans cet état il ne peut provenir
> Que des enfants pesants & qui ne sauraient vivre.

Sur quoi Cléanthis, sa chaste moitié, riposte avec aigreur :

> Ces raisons sont raisons d'extravagantes têtes,
> Et les médecins sont des bêtes.

⁂

La doctrine des funestes effets de l'ivresse au moment conceptuel était, du reste, connue des philosophes & des médecins de l'antiquité.

Les Grecs, qui cachaient fouvent de grandes vérités phyfiologiques fous le voile de la fiction, femblent l'avoir confacrée par une allégorie ingénieufe.

On fait que Vulcain fut engendré par Jupiter dans un moment où le maître des dieux était ivre de nectar.

Or, ce fils de Junon naquit fi difforme qu'on le jugea indigne d'habiter l'Olympe, & qu'il fut précipité du haut du ciel dans l'île de Lemnos.

« Jeune homme, difait Diogène à un enfant « ftupide, ton père était ivre quand ta mère t'a « conçu. »

⁂

L'homme, fuivant l'expreffion de Plutarque, ne fème rien qui vaille quand il eft ivre.

Auffi Pythagore recommandait-il de ne pas procéder pendant l'ivreffe à l'acte faint de la génération.

Une loi de Carthage défendait de boire du vin le jour du mariage.

A Lacédémone, il fallait que le nouveau marié

fût de fang-froid & eût foupé légèrement pour qu'il lui fût permis d'entrer dans la chambre nuptiale & de dénouer la ceinture de fon époufe.

On fait qu'il y a encore certaines parties de la Suiffe où les titres au mariage font examinés par un tribunal fpécial.

Le candidat doit juftifier qu'il poffède un fufil. *Si vis matrimonium, para bellum.*

Mais il doit avant tout établir qu'il eft fobre.

Les ivrognes font confidérés comme indignes de faire fouche légitime.

⚜ ⚜ ⚜

M. Demeaux s'eft affuré que fur trente-fix épileptiques foumis à fon obfervation & dont il connaiffait l'hiftoire, cinq avaient été conçus le père fe trouvant dans un état de délire alcoolique.

Il a obfervé dans une famille deux enfants atteints de paraplégie congéniale, & il a appris, par les aveux de la mère, que la conception avait eu lieu pendant l'ivreffe.

Il a retrouvé encore la même caufe chez un

jeune homme de 17 ans atteint d'aliénation mentale, & chez un idiot âgé de 5 ans.

M. Dehaut a cité, à l'appui de l'opinion de M. Demeaux, les deux faits fuivants, qui femblent caractériftiques :

Le jeune X..., âgé de 15 ans, eft épileptique depuis l'âge de 18 mois. Au moment de la conception de cet enfant, le père, grand buveur, finiffait, pour fe fervir de fon expreffion, une neuvaine bachique.

Pour le fecond fait, on a également l'aveu du père. Le fujet, âgé de 22 ans, était épileptique depuis fon jeune âge.

❖ ❖ ❖

J'ai dans ma clientèle une famille dont l'afcendance eft tout à fait irréprochable au point de vue des facultés mentales, & qui fe compofe du père, de la mère & de cinq enfants.

Ces derniers font parfaitement doués fous le rapport de la conftitution & de l'intelligence, à l'exception du plus jeune, dont l'état contrafte d'une manière frappante avec celui de fes frères & fœur, car il eft prefque idiot.

Son père ne ſe fait aucune illuſion ſur la cauſe de cette dégradation. Pour lui, ce fils déshérité eſt « un enfant de l'ivreſſe. »

Il l'a engendré à la ſuite d'un repas dans lequel il avait dépaſſé les bornes de la tempérance.

Ce qui lui ôte toute eſpèce de doute à cet égard, c'eſt que le jour de cette conception néfaſte était depuis longtemps le ſeul où il ſe fût départi des préceptes de Malthus.

⁂

Les enfants qui, ſans être conçus dans le trouble d'une ivreſſe aiguë, paſſagère, ſont procréés par des parents affectés d'alcooliſme chronique, ſont également mal partagés au point de vue des facultés cérébrales.

Tantôt ils viennent au monde imbéciles ou idiots; tantôt ils vivent intellectuellement juſqu'à un certain âge, au-delà duquel ils s'arrêtent, incapables d'aucun progrès ultérieur.

MM. Morel, Macé & d'autres pathologiſtes ont cité de nombreux exemples de cette dégénéreſcence héréditaire.

Un ivrogne a trois fils : le premier eft atteint de délire périodique ; le fecond eft dans un état de ftupeur habituel ; le troifième eft un idiot complet.

Un autre a eu fept enfants : deux font morts en bas âge, par fuite de convulfions ; un troifième eft devenu aliéné à vingt-deux ans ; le quatrième eft imbécile de naiffance ; le cinquième eft bizarre & mifanthrope ; une jeune fœur eft hyftérique. Le feptième eft un ouvrier intelligent, mais d'un tempérament très nerveux & fujet à des accès de trifteffe.

Le fieur E... a eu douze enfants. Onze font morts à la fuite d'accidents cérébraux. Aucun n'a dépaffé 3 ans. L'enfant qui refte eft épileptique & fcrofuleux.

Un homme ayant éprouvé à diverfes reprifes des fymptômes d'aliénation mentale dus à des excès alcooliques, fe marie deux fois. Avec fa feconde femme il a huit enfants. Sept fuccombent dans les convulfions. Le furvivant eft fcrofuleux.

D'après Roefch, fi aux hallucinations de l'ivreffe pendant la conception fe joint l'influence des lieux où règne le crétinifme, les enfants ne

naiſſent pas ſimplement idiots, ils naiſſent crétins.

L'obſervation ſuivante, que j'emprunte à un auteur allemand, n'eſt pas moins concluante :

Un muſicien adonné à la boiſſon eut quatorze enfants de ſa femme.

Quatre, un garçon & trois filles, étaient idiots de naiſſance. Le garçon, parvenu à l'âge de 15 ans, fut trouvé gelé en hiver dans la campagne, au milieu de laquelle il s'était égaré.

L'une des filles mourut d'atrophie à 8 ans, & une autre périt à 13 ans, de la même maladie.

La troiſième vit encore & compte aujourd'hui 19 ans. Sous le rapport des facultés intellectuelles elle eſt au-deſſous des animaux.

Tous les deux ou trois jours elle a des accès d'épilepſie. Elle ne produit pas de ſons articulés, crie ſouvent ſans relâche pendant des heures entières, puis ſe met à rire en faiſant d'effroyables grimaces.

Quand aux dix autres enfants, il n'en ſurvit

3

plus que deux, qui ne préfentent rien d'anormal. Les huit autres ont péri de confomption avant d'avoir dépaffé les premières années de la vie.

Les idiots & les non idiots font venus au monde pêle-mêle, fans former de féries régulières, ce qu'on peut attribuer à cette circonftance que le père était conftamment ivre tant qu'il pouvait fe procurer des liqueurs alcooliques; mais qu'il paffait plufieurs jours de fuite fans en faire ufage, faute d'argent pour en acheter.

⁜

Tous ces exemples démontrent que l'état intellectuel momentané des générateurs a une influence bien marquée fur l'organifation & les aptitudes de l'enfant.

Mais peut-on en conclure la poffibilité de produire à volonté des grands hommes, ou, au moins, des hommes fupérieurs?

L'individu qui accomplit l'acte anthropogénique ferait-il dans la fituation du fculpteur qui, près de donner la forme à un bloc de marbre, peut dire : « Sera-t-il dieu, table ou cuvette? »

C'eſt ce que prétendit, vers la fin du fiècle dernier Robert jeune, l'auteur de la *Mégalanthropogénéfie.*

Il difait qu'au moment où l'efprit était fortement tendu & la tête occupée de vaſtes projets, la femence, plus animée, pouvait infpirer à l'embryon le principe d'une plus grande intellectualité.

Ainſi le guerrier, le poëte, l'orateur, le peintre, le muſicien, auraient des enfants qui deviendraient leurs émules, ou leurs rivaux ſi, après avoir affiſté à une bataille, compoſé une tragédie, prononcé un panégyrique, travaillé à un tableau ou à une fymphonie, ils ne laiſſaient point refroidir leurs fens avant de payer un tribut à l'amour.

« Je ſuis perfuadé, ajoutait-il, que ſi Veſtris « s'acquittait des devoirs conjugaux après le bal-« let de Télémaque ou de Pſyché, il ne pourrait « manquer d'engendrer un fils digne de lui, fur-« tout ayant épouſé une nouvelle Terpſychore. »

⚜ ⚜ ⚜

Cette théorie eut d'abord un grand retentiſſement, & provoqua une foule de plaifanteries, la plupart de mauvais goût.

Elle était à peu près oubliée, & c'eft à peine fi on la citait de temps en temps à titre de curiofité fcientifique, lorfqu'il y a quelques années plufieurs phyfiologiftes émirent certaines idées qui femblaient venir à l'appui du fyftème du docteur Robert.

M. Profper Lucas, un des auteurs qui ont le mieux approfondi toutes les queftions qui fe rattachent à l'hérédité, compara la répétition organique de la vie par la génération à la repréfentation artificielle des formes par la photographie.

« L'image électrique que grave la lumière n'eft point fimplement, dit-il, celle du vifage & des traits, mais celle de l'impreffion & de l'expreffion de l'âme au moment où ils font faifis par le foleil; il en eft de même en nous de l'image qui vivifie la magique lumière de notre exiftence.

« L'éclair qui la propage & qui la réfléchit ne tranfmet point feulement l'empreinte du type phyfique & moral de notre être, il tranfmet avec elle l'expreffion latente de la phyfionomie qu'il furprend à la vie, dans l'inftant où le plaifir en féconde l'extafe.

« Mais dans la merveilleufe invention de Daguerre, la repréfentation eft inftantanée dans

tous fes effets, & la reffemblance immédiate &
réelle ; dans l'œuvre plus merveilleufe de la génération, l'image eft au futur, & la reffemblance
eft dans le devenir. »

※ ※ ※

Ces idées parurent fécondes à un difciple de
Gall & de Spurzheim, M. Bernard Moulin.

Cet auteur, dans un ouvrage récent, bafé fur
les données fcientifiques les plus modernes & fur
un nombre immenfe de documents hiftoriques,
pofa nettement la formule fuivante :

« Les enfants font à l'état phyfique, moral & intel-
« lectuel, la photographie vivante de leurs parents
« générateurs prife au moment de la conception. »

Par un phénomène d'électricité nerveufe, ils
reproduiraient dans l'effence rudimentaire le
tempérament, les goûts, les affections, la force·
ou l'inertie d'intelligence de ces derniers, tels
que le hafard, les circonftances ou la volonté en
auraient provoqué le mode d'être en cet inftant
décifif & fouverain.

Si en ce moment fuprême les afpirations des

3.

générateurs font tournées vers la gloire, le beau
& le bien, les produits de leurs œuvres ac-
quièrent la grandeur, la nobleffe & l'immortalité.

La dation générative d'un feul organe, nerf
ou veine, doué d'une forte puiffance d'électrifa-
tion & de vitalité, fuffirait pour provoquer un
grand talent & préparer les éléments d'un grand
homme.

« Tous les maîtres de mufique, dit M. Ber-
« nard Moulin, n'ont pas des rejetons muficiens.
« Il en ferait autrement s'ils voulaient, au mo-
« ment décifif, fredonner avec attention une
« cantate qui agite les fibres. Nous leur prédi-
« fons un fuccès complet ; car en chargeant ainfi
« de fluide vital reproducteur l'organe mufical,
« cet organe de la mufique fe photographiera
« vivant & énergique dans le rejeton. Il n'y aura
« pas de déperdition de fluide en d'autres points,
« l'enfant naîtra muficien. »

L'ouvrage de M. Bernard Moulin eft intéreffant
à plus d'un titre.

Il brille par l'érudition hiſtorique, renferme des aperçus curieux, & préſente même de temps en temps des rapprochements étranges...

Nous ne ſommes pas de ces « hommes incrédules & légers » dont il craint l'ironie sarcaſtique.

Nous faiſons avec lui des vœux pour que ſes idées, quelque bizarres qu'elles paraiſſent, ſoient ſoumiſes à une expérimentation régulière.

Nous verrions même ſans déplaiſir « les préceptes mégalanthropogénéſiques de la Vénus ſavante » figurer dans la corbeille de noces de tous les jeunes époux.

Mais en attendant l'époque où la phrényogénie « étonnera le monde par l'heureuſe immenſité de ſes conſéquences, » il nous paraît très douteux qu'il suffiſe à un muſicien de noter des airs de ſa compoſition en embraſſant ſa femme, pour produire un émule de Wagner & de Verdi, ou qu'une tirade de Racine débitée avec chaleur dans un moment convenable puiſſe vivifier l'imagination de l'embryon & le douer de la boſſe de la poéſie tragique.

Si dans l'état actuel de nos connaiſſances anthropologiques il eſt impoſſible d'admettre qu'on puiſſe doter à volonté l'embryon d'aptitudes ſpéciales, l'expérience des ſiècles a du moins prouvé qu'à l'aide de certains procédés d'hygiène intime il eſt poſſible d'aſſurer à l'enfant une riche organiſation phyſique & intellectuelle.

C'eſt ainſi que les époux peuvent eſpérer une belle progéniture quand ils ont raſſemblé toute l'énergie de leur vitalité en s'abandonnant au vœu de la nature, & que leur âme a été abſorbée tout entière par l'union génératrice.

C'eſt préciſément à cause des abſences intellectuelles qui accompagnent l'ivreſſe, que les enfants conçus dans l'alcooliſme ſont incomplets au phyſique & au moral.

L'activité de la penſée, l'érection du cerveau, l'exaltation des idées, ne peuvent avoir lieu qu'aux dépens des fonctions généſiques, & au détriment de l'être qui doit en réſulter.

Les rejetons des hommes éminents par leurs

facultés héritent rarement du génie ou du talent paternel.

C'eſt une remarque qu'ont faite de tout temps les phyſiologiſtes.

❧ ❧

Elle n'a même pas échappé aux ſoubrettes de comédie.

Finette dit à Ariſte, dans le *Philoſophe marié* de Deſtouches :

> Les grands eſprits, d'ailleurs très eſtimables,
> Ont fort peu de talent pour former leurs ſemblables.

C'eſt en ce ſens qu'on a pu dire que le meilleur moyen d'avoir des enfants d'eſprit ſerait encore d'être amoureux comme une bête.

❧ ❧

Un auteur donne le nom de productions *azymes* aux enfants engendrés pendant cet état d'adynamie qui accompagne les travaux de l'efprit, & dans lequel la femence femble manquer, pour ainfi dire, de levain.

On fait que Newton mourut vierge à 80 ans, & qu'il ne mangeait que du pain quand il travaillait à fon traité d'optique.

Si, en compofant cet ouvrage qui a immortalifé fon nom, ce grand mathématicien eût quitté un inftant les hautes régions de la penfée pour fatisfaire une velléité charnelle, il y a lieu de croire qu'il n'aurait engendré qu'un homme médiocre, peut-être même un idiot.

Le fait fuivant prouve, du refte, que les hommes qui paffent leur vie dans les fphères éthérées font en général peu aptes à fe donner des héritiers.

Un favant aftronome, M. le profeffeur L...., marié à une jeune & jolie femme, n'avait encore pu fe procurer les joies de la paternité.

Une réminifcence d'équations algébriques de tous les degrés venait toujours l'affaillir & arrêter intempeftivement l'élan de fa paffion érotique.

Peyrilhe confeilla à Mme L... de ne jamais céder aux vœux, très peu ardents du refte, de fon époux, qu'après l'avoir plongé dans un état de demi-ivreffe, « ce moyen paraiffant feul capable de le fouftraire aux influences fpirituelles de la célefte Uranie, pour le livrer un inftant aux féductions plus pofitives de la terreftre déeffe de Paphos. »

Le procédé aurait pu être dangereux pour peu qu'on eût dépaffé la mefure.

Néanmoins il réuffit. M. L... eft maintenant père de plufieurs enfants robuftes & intelligents.

❧ ❧ ❧

Si les femmes ufaient jamais du droit qu'Helvétius leur reconnaît & que Saint-Lambert leur refufe, de prendre une part active à nos travaux fcientifiques, littéraires ou adminiftratifs, on peut dire que la beauté & l'avenir de l'efpèce humaine feraient férieufement compromis.

La fécondité eft d'autant plus faible que la femme eft moins femme & que l'homme eft moins homme.

Or, l'expérience prouve que chez les filles d'Ève les fruits dérobés à l'arbre de la fcience portent atteinte à la fexualité.

La femme qui boit largement à la coupe du favoir devient, fuivant une heureufe expreffion, femblable à la fleur dont on multiplie les pétales par la culture.

Elle perd la faculté de fe reproduire à mefure que l'éducation, pouffée trop loin, déplace chez elle les fources de la vie.

A Athènes, les hétaires feules fréquentaient le Portique & prenaient part aux converfations des philofophes, tandis que les époufes vaquaient aux occupations du gynécée, dans une atmofphère de calme & de férénité.

⁂

Toutes les facultés de l'âme & du corps doivent être, au moment décifif, harmoniquement élevées à leur plus haute puiffance.

Une copulation indolente, dépourvue de fpontanéité & accomplie fur le « mol chevet de l'indifférence, » comme difait Montaigne, ne peut donner que des produits inférieurs.

Suppofons que M. Prudhomme réveille une nuit fon époufe, parce qu'il vient de fe rappeler qu'il y a jufte vingt ans qu'il l'a conduite à l'autel, & qu'il croirait manquer à tous fes devoirs s'il négligeait de célébrer cet anniverfaire d'un des plus beaux jours de fa vie.

M. Prudhomme, en femblable occurrence, engendrerait peut-être un bourgeois métho-dique, mais jamais un artifte ni un homme de génie.

Je doute que le philofophe Zénon, qui ne s'approcha de fa femme qu'une feule fois, & encore, difait-il, par civilité, ait pu procréer un enfant énergique.

⁂

Il ne suffit pas, toutefois, que la fécondation foit opérée dans de bonnes conditions d'ardeur phyfique ; une fécondité heureufe a pour gage effentiel l'affimilation des âmes, la fufion intime du corps & de l'efprit des époux.

Nous voyons tous les jours le mariage jeter tout à coup dans les bras l'un de l'autre un jeune homme & une jeune fille qui ne fe con-naiffent guère que pour avoir échangé, dans les

4

intervalles de repos d'un quadrille, quelques phrafes empruntées au vocabulaire banal de la fociété.

Chez eux l'amour, comme on l'a dit, commence à rebours; ils font époux avant d'être amants; ils font unis avant que de s'aimer.

Un premier rapprochement opéré dans de femblables conditions, c'eft-à-dire dans un état d'impatience purement phyfique chez l'homme, d'embarras & de furprife chez la femme, eft heureufement prefque toujours ftérile.

S'il était fuivi de fécondation, l'être qui en naîtrait ferait probablement défectueux.

Les anciens, chez lefquels les fiançailles étaient en ufage, comprenaient mieux que nous cette lente & délicieufe initiation de la tendreffe, fi conforme au vœu de la nature, qui exige que toute chofe germe avant d'éclore, que tout fruit mûriffe avant d'être cueilli.

« L'état des fiançailles, difait Swedenborg, peut être comparé à l'état du printemps avant l'été, & les charmes intérieurs de cet état à la floraifon des arbres avant la fructification. »

On fait que l'ange ne permit à Tobie de s'ap-

procher pour la première fois de fa femme qu'a-
près trois jours de continence.

⁂

Il peut arriver que l'affection mutuelle des
conjoints vienne plus tard ratifier une alliance
qui n'avait d'abord été conclue que dans un but
d'intérêt; mais fouvent auffi l'indiffolubilité du
lien ne fait que confirmer & accroître une répulfion qui avait d'abord paru puérile & irré-
fléchie.

Cette difpofition d'efprit des époux retentit
en général d'une manière fâcheufe fur l'organifation des enfants.

« Quand les parents ont de l'averfion l'un
« pour l'autre, dit Burdach, ils produifent des
« formes défagréables; leurs enfants font moins
« vifs, ils font moins difpos. »

Galien avait remarqué que les femmes laides
& incapables d'inspirer de l'amour donnaient
fouvent le jour à des enfants ftupides.

La contrainte dont les jeunes filles font quelquefois victimes quand leurs parents ont réfolu de les marier, rappelle ce que Profper Lucas défignait ironiquement fous le nom de « monte au bâton, » procédé qui, de l'avis de tous les vétérinaires, ne donne prefque jamais que de mauvais produits.

Les animaux qui, dans l'acte générateur, ne paraiffent guidés que par un befoin inftinctif, ont auffi leurs fympathies & leurs antipathies.

Félix Villeroy cite un très beau taureau de fa baffe-cour, qui, lorfqu'on lui offrait une vache maigre & crottée, faifait un demi-tour en dépit des efforts des affiftants, & gagnait rapidement la porte de fon étable.

Les campagnards, en pareil cas, recourent à la violence & frappent impitoyablement l'étalon qui ne rend pas de bonne grâce le fervice qu'on exige de lui.

C'eft en partie aux faillies de ce genre que

Grognier attribue l'extrême chétivité du bétail français.

⁂

On ſait que les bâtards figurent dans une forte proportion parmi les hommes éminents de toutes les époques.

Nés d'un amour violent, mais furtif & induſtrieux, ils ont généralement beaucoup de reſſources dans l'eſprit, & ſe diſtinguent par leur intelligence & leur audace.

Auſſi ont-ils joué de tout temps un rôle conſidérable ſur la ſcène politique.

« L'eſprit des parents, » diſait M. Le Camus, l'auteur de la *Médecine de l'Eſprit*, (lequel, n'en déplaiſe à Voltaire, n'en a pas ſeulement mis dans le titre de ſon ouvrage), « l'eſprit des pa-
« rents, continuellement aiguiſé par des ruſes
« néceſſaires à une tendreſſe traverſée par des
« obſtacles continuels, exercé par des artifices
« propres à tromper la jalouſie d'un mari ou la
« vigilance d'une mère, éclairé par le beſoin de
« dérober à l'opinion publique des plaiſirs qu'elle

4.

« condamne, doit néceffairement tranfmettre
« aux enfants qui en proviennent une grande
« partie des talents auxquels ils doivent le jour. »

Saint Auguftin difait que la grandeur d'efprit
d'Adéodat, fon fils naturel, l'épouvantait.

⁕

On pourrait citer un nombre confidérable de
bâtards illuftres, depuis Dunois, Erafme, Céfar
Borgia, don Juan d'Autriche, Cardan, Chapelle,
le duc de Berwich, le duc de Montmouth, le
maréchal de Saxe, Lowendal, d'Alembert, De-
lille, etc., jufqu'à l'époque actuelle, où nous
voyons briller au premier rang une foule de per-
fonnages qui doivent le jour à des unions extra-
matrimoniales, quelquefois adultérines.

Il ne faut pas croire cependant qu'il fuffife de
naître hors mariage pour être doué de toutes les
perfections organiques & intellectuelles.

Les bâtards qui fe font fait un nom dans les
fciences, dans les lettres ou fur le champ de bataille, étaient généralement des bâtards bien nés,
fi nous pouvons nous exprimer ainfi, c'eft-à-dire

de véritables enfants de l'amour, iffus d'une paffion ardente, mais chafte dans fes écarts.

Les enfants naturels qui peuplent nos hofpices & qui doivent le jour non plus à l'amour, mais à la débauche, font, au contraire, généralement déshérités au point de vue phyfique & moral.

La ftatiftique démontre que les fruits avortés de la *Venus vulgivalga*, les produits tarés d'une promifcuité vénale, font encore fous le poids de l'anathème des faintes Écritures.

« Les rejetons bâtards ne jetteront point de pro-« fondes racines, & leur tige ne s'affermira point. « Que fi, avant le temps, ils poffèdent quelques « branches en haut, comme ils ne font point fer-« mes, ils feront ébranlés par les vents, & la vio-« lence de la tempête les arrachera jufqu'à la ra-« cine. Leurs branches feront brifées avant d'avoir « pris de l'accroiffement ; leurs fruits feront « inutiles & âpres au goût. »

En réfumé, l'influence qu'exerce fur l'embryon l'état mental des facteurs au moment de la conception eft un fait phyfiologique inconteftable.

Ce qui démontre d'une manière péremptoire la réalité de ce phénomène, c'eft l'imperfection organique & morale des enfants conçus dans les hallucinations de l'ivreſſe.

On évitera donc de ſe livrer à l'acte générateur à la ſuite d'une émotion forte, d'un mouvement paſſionnel violent, tel qu'une vive frayeur ou un accès de colère.

Tout rapprochement ſexuel ſerait dangereux pour l'enfant qui pourrait en réſulter, s'il était opéré ſous l'empire d'une paſſion dépreſſive, par exemple d'un violent chagrin.

Les hommes qui conſacrent leur vie à des études abſtraites attendront, pour ſe livrer au coït, que leur eſprit ſoit dégagé de toute préoccupation ſcientifique, & qu'ils aient repris leurs aſſiette ordinaire au milieu des réalités de la vie.

Un état d'excitation nerveuſe déterminé par une repréſentation dramatique ou par une lecture émouvante peut également retentir d'une manière fâcheuſe ſur la conſtitution morale de l'embryon.

CHAPITRE II

INFLUENCE QU'EXERCE L'ÉTAT PHYSIQUE DES PARENTS,
AU MOMENT CONCEPTUEL, SUR L'ORGANISATION
DE L'ENFANT.

N'approchez que religieufement & fage-
ment de cette fource de vie.

SEDAINE.

Si on favait ce que c'eft que la vie, on ne
la donnerait pas fi légèrement.

Mme ROLLAND.

LA première condition physique pour donner le jour à des enfants vigoureux, & chez lesquels le caractère de l'espèce soit imprimé d'une manière profonde & durable, c'est d'être parvenu à l'âge de la maturité procréatrice.

Cette maturité, à laquelle on a donné le nom de *nubilité*, ne doit pas être confondue avec la *puberté*.

Celle-ci n'est que l'éveil ou le prélude d'une fonction qui, mise en jeu prématurément, ne saurait donner que des êtres chétifs comme individus & comme souches.

On admet généralement que l'invaſion des règles eſt le ſignal de l'âge nubile, de telle ſorte que menſtruation & nubilité seraient preſque des termes synonymes.

Or, rien n'eſt variable comme l'époque où les règles font leur première apparition.

Les jeunes filles élevées dans les cités popu‑leuſes, où tout concourt à ſurexciter leur ſyſtème ſenſitif, font ordinairement réglées trois ou quatre ans plus tôt que celles qui paſſent leur enfance dans le calme & la ſimplicité de la vie champêtre.

Ce qui démontre que le début de l'évolution menſtruelle n'implique nullement l'aptitude réelle au mariage, c'eſt qu'on l'obſerve chez des petites filles évidemment inhabiles à engendrer.

On lit dans les *Mémoires de l'Académie des ſciences* l'hiſtoire d'une enfant qui commença à être réglée huit jours après ſa naiſſance.

Kerkrin en a vu une autre réglée, pour ainſi dire, en venant au monde.

Velpeau a connu une jeune fille dont les règles avaient paru pour la première fois à un an & demi, & continuaient de se montrer exactement tous les mois.

D'un autre côté, on voit souvent des femmes devenir enceintes sans avoir jamais été réglées.

Fabrice de Helden parle d'une femme de 40 ans qui n'avait jamais été menstruée & qui, cependant, était mère de sept enfants bien portants.

Roester cite même l'observation d'une autre femme, mariée à un meunier, qui « ne voyait jamais ses mois que quand elle était grosse. »

Beaucoup de physiologistes pensent que la véritable mesure de l'aptitude au mariage serait, pour les deux sexes, l'achèvement de la croissance, indiqué par l'état stationnaire de la taille & l'achèvement du système osseux.

Cette mesure fixerait l'âge minimum du mariage à 18 ans environ pour les femmes, et à 20 ans pour les hommes.

5

Burdach & Marc reculent ces limites. Suivant eux, la jeune fille ne doit devenir mère que quand, depuis un an au moins, ſa taille a ceſſé de s'accroître.

« 20 ans & 25 ans, dit M. Fonſſagrives, ſeraient les fixations que l'hygiène devrait proposer ſi elle avait autorité au conſeil de famille. »

D'après les recherches du profeſſeur Duncan, d'Édimbourg, les enfants les plus peſants ſont ceux qui proviennent de mères âgées de 27 à 30 ans.

⁂

Les mariages contractés avant l'heure marquée par la nature ont généralement des conſéquences déſaſtreuſes.

« Rien ne s'oppose plus à une bonne génération, diſait Ariſtote, que la précocité des mariages.

« Dans tout le règne animal, les produits obtenus au premier éveil de l'inſtinct ſexuel ſont conſtamment imparfaits.

« Le moyen d'avoir des races naines de

chiens confifte à provoquer la précocité de la génération.

« Il en eft de même dans l'efpèce humaine. Les mariages précoces ne donnent naiffance qu'à une race petite & fans valeur. »

⁂

Pour communiquer la puiffance vitale, il faut la poffèder dans toute fa plénitude.

Il eft vrai que, par une admirable prévoyance de la nature qui tient moins à la confervation de l'individu qu'à la propagation de l'efpèce, la plafticité, chez les jeunes femmes, tend à fe diriger furtout vers le développement de l'embryon.

Chez les femmes enceintes qui n'ont pas encore terminé leur croiffance, celle-ci s'arrête généralement ou fe ralentit, de même qu'un arbre fruitier ne croît plus tant que fes fruits mûriffent.

Néanmoins il arrive fouvent que la mère continue de s'affimiler une partie des fubftances qui doivent concourir à fon développement, furtout à celui de la charpente offeufe, ce qui ne peut avoir lieu qu'aux dépens du fruit qu'elle porte dans fon fein. De là, procréation d'enfants rachitiques.

On fait que jamais les confeils de révifion ne prononcèrent autant de réformes qu'en 1833 & 1834. Une foule de mariages contractés prématurément en 1812 & 1813, pour échapper à la confcription, n'avaient donné que des produits fans taille & fans vigueur.

❧

L'infériorité organique des premiers nés eft un fait qu'on a fouvent l'occafion de vérifier.

Si, comme on l'a dit, « le fruit d'un premier amour tombe fouvent avant fa maturité, » c'eft prefque toujours parce qu'il eft iffu d'une union trop précoce.

La primiparité eft d'ailleurs, quel que foit l'âge de la mère, une condition défavorable à l'enfant.

Quand la force plaftique fe dirige pour la première fois vers l'utérus, il femble que, faute d'exercice, elle manque d'énergie & de précision.

D'un autre côté, les aînés font généralement mieux doués que les cadets au point de vue de la vivacité & de l'intelligence, parce qu'ils font le produit de la première & de la plus ardente paffion des époux.

⁂

« Si l'adolefcence, force encore incomplète, ne peut en général communiquer à l'être tous ceux des caractères de l'organifation qui font, pour ainfi dire, au futur & qu'elle n'a pas encore, la vieilleffe, au déclin, ne fauroit propager les attributs d'un âge où elle a ceffé d'être & des dons qu'elle n'a plus. »

Les unions tardives, étant des dérogations à la loi naturelle, ne fauroient refter impunies.

La vieilleffe, felon Térence, eft déjà une maladie. Donnez-lui une femme, ce fera la mort.

Non feulement le vieillard abrége fes jours en dépenfant, pour créer un nouvel être, des reftes de vitalité qui fouvent fuffiraient à peine pour prolonger fa propre exiftence, mais les

5.

individus qui en naiffent déclinent avant l'heure, faute de bons éléments primitifs d'organifation & d'une impulfion vitale affez énergique.

⁂

Les enfants qui font le produit de la vieilleffe ont généralement quelque chofe de mélancolique qui contrafte avec leur âge. Leur phyfionomie porte le cachet d'une vieilleffe anticipée.

Ils peuvent être doués des qualités folides de l'efprit, mais ils font prefque toujours déshérités des dons brillants de l'imagination.

Ce font, comme on le dit vulgairement, « de vieilles âmes dans de jeunes corps. »

Ils paffent prématurément de l'âge adulte à la vieilleffe; leurs cheveux blanchiffent de bonne heure.

Ils font débiles, torpides, lymphatiques, finon fcrofuleux, fujets aux hémorroïdes, etc., & peu favorifés fous le rapport de la longévité.

J'ai cité, dans mon *Art de Vivre longtemps*, le cas curieux d'une femme, Marguerite Krobfcowna, de Conino, en Ruffie, qui avait époufé à l'âge de 95 ans le nommé Gafpard Raycourt, d'origine françaife, alors âgé de 105, & qui en avait eu trois enfants, deux garçons & une fille.

Ces enfants eurent des cheveux blancs dès l'âge de 15 ans. Ils n'avaient point de dents, & leurs gencives offraient l'afpect qu'elles préfentent après la chute de ces offelets. Ils étaient affez grands pour leur âge, mais ils avaient le dos voûté, le vifage ridé, & tous les caractères extérieurs de la décrépitude.

D'après Buffon, les poulains engendrés de vieux étalons & de vieilles juments ont les falières creufes comme les vieux chevaux, & ils ont, ainfi qu'eux, des poils blancs aux fourcils dès leur 9e année.

⚜ ⚜

Il ne fuffit pas, pour avoir de beaux rejetons, d'être arrivé à cette période de l'exiftence où le corps a atteint le fummum de la vigueur procréatrice. Il faut encore faire un fage emploi de ce fluide organique qu'on a appelé la quinteffence de la vie réduite à fa dernière expreffion.

Pour que ce fluide poffède fes vertus proli-
fiques dans toute leur plénitude, il faut qu'il ait
féjourné pendant quelque temps dans fes réfer-
voirs naturels, qu'il y ait fubi une élaboration
convenable, & qu'il y ait acquis, fi nous pouvons
nous exprimer ainfi, une certaine maturité.

L'imperfection d'un fperme appauvri par des
émiffions trop fréquentes ferait, fuivant M. Devay,
« une des caufes les plus puiffantes des diathèfes
« rachitiques & écrouelleufes qui déciment la
« population. »

Il ne peut en éclore que des embryons entachés d'une faibleffe originelle qui rend laborieufes & maladives toutes les phafes de leur
développement.

&

Les copulations donnent des produits d'autant
plus parfaits qu'elles font moins répétées.

On pourrait citer un grand nombre d'hommes
célèbres qui ont été engendrés à la fuite d'une
longue continence.

Le père de Michel Montaigne eut ce fils qui devait illuftrer son nom, en revenant à 32 ans, vierge encore, des guerres d'Italie.

Neuf mois avant la naiffance de J.-J. Rouffeau, fon père arrivait de Conftantinople & « apportait à fon époufe le prix d'une longue fidélité. »

❧ ❧ ❧

Plutarque comparait les hommes lafcifs aux « grands babillards dont la parole eft ftérile & ne « porte que de mauvais fruits. »

Si les animaux font prefque toujours féconds & donnent généralement de beaux produits, c'eft qu'ils ne s'accouplent que fous l'impulfion du befoin & aux époques marquées par la nature.

L'homme, au contraire, abufant de la faculté qui lui a été dévolue de faire l'amour en toute faifon, comme difait Beaumarchais, obéit fouvent à des incitations factices, fruit d'une imagination déréglée, & n'apporte plus dans fes conjonctions vagues & fréquentes qu'un fperme peu copieux & mal élaboré.

Il eft prouvé que la polygamie, toute favorable qu'elle paraiffe être à la population, ne propage cependant guère plus que la monogamie, parce que l'homme s'épuife trop par des jouiffances illimitées.

⁂

Une maxime qui a cours dans un certain monde, c'eft que les hommes qui ont vidé à grands traits la coupe des plaifirs fenfuels font les meilleurs maris.

A entendre certains obfervateurs, il faut toujours un temps de libertinage; c'eft un mauvais levain qui fermente tôt ou tard, & une mère a tort d'expofer fa fille aux périls de cette fermentation quand elle n'eft pas terminée.

Nous ne pouvons admettre que « les fredaines & les écarts foient au mariage ce que la rougeole & la coqueluche font à la fanté des enfants, » & qu'il faille abfolument en avoir paffé par là pour être bon mari ou pour fe bien porter.

Il eft impoffible que les hommes, fi nombreux de nos jours, qui fe marient par calcul &, comme on dit vulgairement, « pour faire une fin, » puiffent encore trouver dans les reftes d'une virilité gafpillée les éléments d'une progéniture vigoureufe.

On fait que Louis XIV demandait un jour à fon médecin pourquoi fa femme ne lui donnait que des enfants débiles ou difformes, tandis que ceux de fes maîtreffes étaient beaux & vigoureux. « Sire, répondit le docteur, c'eft parce « que vous ne donnez à la reine que les rin- « çures. »

⁂

Les enfants qui naiffent d'anciens viveurs font généralement mal partagés fous le rapport phyfique. Ils n'ont que la fanté qui leur vient de leur mère.

Ils ne font guère mieux doués au point de vue moral & intellectuel, car ils font iffus d'une union à laquelle une ardeur mutuelle n'a pas préfidé.

Une femme jeune & belle ne peut qu'éprouver de l'averfion pour l'homme ufé qui fouvent, fi elle connaissait l'histoire, lui rappelerait Néron dans les bras de Poppée ou Xénocrate dans ceux de Phryné.

Si la vertu, l'amour de ses enfants & la religion ne lui viennent en aide, c'est une femme perdue.

Roussel, celui des écrivains anciens & modernes qui a étudié avec le plus de finesse les goûts & les penchants de la femme, disait que celle-ci était instinctivement portée à préférer l'homme fort & vigoureux à l'être chétif & délicat

« Si on présente à une jeune fille, ajoutait-il, « un Adonis ou un Hercule, elle rougira, mais « elle choisira l'Hercule. »

L'animal lui-même répugne à s'accoupler avec un individu inhabile à la génération.

Un mâle qu'on dépouille du plus bel ornement de son sexe, par exemple un bruant à qui on arrache les plumes de la queue (Burdach), est repoussé par les femelles.

❧ ❧

Un charmant écrivain, le docteur Menville de Ponsan, auteur de l'*Histoire philosophique & médi-*

cale de la Femme, conseille aux époux qui veulent donner le jour à des enfants bien constitués, de ne jamais éteindre leurs désirs dans la satiété.

« Il faut, dit-il, quitter l'autel de l'amour « avec la force d'y déposer encore une autre « offrande. »

Tous les auteurs qui ont écrit sur la génération ont insisté sur ce point important d'économie conjugale.

Les législateurs anciens l'avaient même réglementé.

Zoroastre voulait que les époux s'acquittassent de leurs devoirs une fois tous les neuf jours ; Solon, tous les dix jours au moins ; Mahomet, une fois par semaine pour chacune des femmes du harem.

Le grand physiologiste Haller dit que dans l'espèce humaine l'accouplement normal se réitère en général deux fois en sept jours ; mais il est évident que la répétition plus ou moins fréquente de l'acte génésique est subordonnée à une foule de circonstances, notamment à l'âge des conjoints & à leur tempérament.

Voici le conseil qu'un vieux médecin donnait

6

à un jeune homme : « Si votre conftitution eft
« faible & délicate, fuyez les plaifirs de l'amour;
« il y a ici une couche d'épines enfouie fous les
« rofes. Mais l'excitant prolifique vous agite-t-il
« fans ceffe, conduifez-vous felon votre âge. De
« 25 à 36, vivez fur le revenu ; de 36 à 45, faites
« des économies ; depuis 45 jufqu'à la fin, gardez
« précieufement le capital. »

Le mariage eft le grand régulateur des befoins
fexuels, car, en excluant l'attrait de la nou-
veauté, il met l'homme à l'abri des furexcitations
factices.

L'union conjugale ferait donc une fource
d'heureufe fécondité, fans une pratique qui, en
fe généralifant, eft devenue un des fléaux de
notre époque.

Cette pratique eft celle qui attira la malédic-
tion de Dieu fur Onan, l'époux de Thamar la Cha-
nanéenne : « Ille fciens non fibi nafci filios, introi-
« ens ad uxorem fratris fui, femen fundebat in
« terram ne liberi fratris nomine nafcerentur. »

Cette manœuvre dont les anciens avaient entrevu les funestes conséquences, puisqu'à Rome les futurs époux étaient obligés d'affirmer par serment devant les censeurs que leur intention était de procréer, cette manœuvre, disons-nous, est considérée par les physiologistes comme jouant un rôle immense dans la dégradation de la race humaine.

Ce serait surtout à l'influence cachée, sourde & permanente des fraudes généfiques, que, suivant beaucoup d'économistes & de statisticiens, il faudrait attribuer la diminution actuelle de la natalité & la lenteur de sa progression, qui ressemble à un temps d'arrêt.

⁕ ⁕ ⁕

Beaucoup de personnes mariées se condamnent à des jouissances improductives, parce qu'elles redoutent de se créer des charges qui les gêneraient dans leurs habitudes de luxe & de bien-être.

Mais la nature, qui abhorre les plaisirs stériles, ne laisse jamais ces calculs impunis.

Les artifices à l'aide defquels l'homme, tout en affouviffant fes befoins fenfuels, élude la loi *Multiplicamini*, ont des réfultats défaftreux, tant pour les époux que pour les rejetons.

La matrice, en effet, a été comparée à un animal vivant dans un autre animal & ayant des befoins qui lui font propres.

Éveillée d'abord, puis fruftrée dans fes afpirations, elle finit par fe révolter & ceffe de répondre à des follicitations trompeufes.

Sa vitalité finit par fe pervertir de telle forte que fi la prudence de l'homme, ce qui arrive fouvent, vient à être déjouée dans fes calculs, une imprégnation incomplète donne des produits qui fe trouvent entachés d'infuffifance phyfique & intellectuelle, « obligés qu'ils font, fuivant la « belle expreffion de Deffieux, de furgir au milieu « d'un vafte effort du néant. »

On s'eft même demandé fi, en pareil cas, la nature, momentanément troublée dans fa force plaftique & créatrice, ne pourrait pas enfanter des monftruofités par défaut.

« N'eft-il pas raifonnable de fuppofer que la force créatrice, ne rencontrant pas dans une onction perturbée les conditions néceffaires à

l'élaboration d'un produit normal, la conception
fera originairement tarée, & l'être qui en pro-
viendra, un de ces monftres qui reffortiffent à la
tératologie?

« Le rapprochement fuivant eft propre à juftifier cette hypothèfe. Il eft reconnu par la plupart
des nofologiftes que des chagrins profonds &
prolongés peuvent troubler la nutrition au point
de donner naiffance à des tiffus hétéromorphes,
fans analogie dans l'économie, comme le cancer
& fes nombreuses variétés. Pourquoi dès lors le
trouble de la conception n'amènerait-il pas des
déviations identiques dans la conftruction propre
de l'œuf humain? »

⚜

On a annoncé dans ces derniers temps une
découverte phyfiologique qui reftreindrait probablement les habitudes d'onanifme conjugal, si elle
était sanctionnée par l'expérience; car elle affu-
rerait chaque mois plufieurs jours de fécurité &
de fête à la lubricité prévoyante des époux.

Suivant M. Pouchet, il y aurait dans l'inter-

6.

valle des époques menſtruelles certains jours où
la femme ferait abſolument inféconde.

Voici comment s'exprime ce ſavant dans un
ouvrage couronné par l'Inſtitut :

« La fécondation ne peut s'opérer que lorſque
« les œufs ont acquis un certain développement
« & après leur détachement de l'ovaire.

« Dans l'eſpèce humaine & chez les mammi-
« fères, la fécondation n'a jamais lieu que lorſque
« l'émiſſion des ovules coïncide avec la préſence
« du fluide ſéminal.

« La fécondation offre un rapport conſtant
« avec la menſtruation ; auſſi, ſur l'eſpèce hu-
« maine, il eſt facile de préciſer rigoureuſement
« l'époque inter‑menſtruelle où la conception
« eſt phyſiquement impoſſible & celle où elle
« peut offrir quelques probabilités.

« La conception ne peut s'opérer que du pre-
« mier au douzième jour qui ſuivent les règles,
« & jamais elle n'a lieu après cette époque. »

L'exiſtence bien démontrée des périodes menſuelles d'infécondité ſerait-elle un bienfait pour l'hygiène ? Le moraliſte n'aurait-il pas, au contraire, à déplorer la vulgariſation d'une théorie qui ſubordonnerait la conception à un ſimple calcul?

Quoi qu'il en ſoit, nous devons prévenir les partiſans du procédé malthuſien qu'ils s'expoſeraient à des déceptions s'ils ajoutaient une foi aveugle aux aſſertions de M. Pouchet.

Il eſt probable que l'aptitude de la femme à engendrer eſt infiniment moindre aux époques déſignées par ce phyſiologiſte ; mais dans l'opinion de praticiens expérimentés, elle n'eſt pas nulle d'une manière abſolue, de telle ſorte que la femme peut devenir mère à toutes les époques du mois, même pendant la menſtruation.

Le ſang que perd la femme pendant ſes règles a été de tout temps conſidéré comme impur, bien qu'au point de vue anatomique il ne diffère en rien de celui qui circule dans les vaiſſeaux.

Le Lévitique interdiſait la cohabitation pendant le flux cataménial. « Ne vous approchez pas d'une femme qui a fon écoulement de tous les mois. »

On trouve le même précepte dans les lois de Manou : « Quelque défir qu'il éprouve, l'homme « ne doit pas s'approcher de fa femme lorfque « les règles commencent à fe montrer, ni repo- « fer dans le même lit. »

Quelques théologiens, d'après l'avis de faint Thomas, regardent même comme un péché mortel le rapprochement des fexes pendant la menftruation, parce que, fuivant eux, il expofe au péril d'engendrer des enfants lépreux, fcrofu- leux, rachitiques ou idiots.

On fait qu'une croyance populaire regarde la couleur roulfe des cheveux comme un attribut fpécial aux enfants qui ont été conçus pendant l'écoulement menfuel.

⁂

L'opinion de faint Thomas a rallié plufieurs partifans parmi les phyfiologiftes modernes.

Lalouette croit avoir remarqué que les fujets

qui ont été conçus pendant la menftruation font fréquemment fcrofuleux. M. Lepelletier dit qu'il a fait dans deux cas différents la même obfervation.

M. Devay rapporte à la même influence quelques cas d'une maladie très grave par les conféquences qu'elle peut avoir fur l'avenir d'un enfant : l'ophthalmie des nouveau-nés.

M. Profper Lucas eft perfuadé que la menftruation eft une des époques dont il importe peut-être le plus de tenir compte dans l'intérêt de la fanté des enfants.

Dans fon opinion, conforme fur ce point à de très anciennes doctrines, la menftruation agit chez les femmes, & particulièrement chez celles, qui ne jouiffent pas d'une fanté parfaite, comme une dépuration périodique du fang.

Elle a donc, par cette caufe, fur la fanté de l'enfant toute l'influence du plus ou du moins de pureté du fang de fes auteurs.

De là deux prefcriptions principales :

La première, d'éviter de concevoir pendant toute la durée de la menftruation ;

La feconde, de l'éviter également dans les huit ou dix derniers jours qui la précèdent, le

fang étant alors chargé de plufieurs principes
qu'il doit éliminer, particulièrement fi la femme
eft atteinte de quelque cachexie. Il eft inévitable
que l'enfant engendré & développé dans le fein
maternel fous l'empire de cette mauvaife condition générale des liquides en fubiffe l'influence.

Il eft à craindre qu'il n'apporte à la vie une
moindre pureté de fang, une fanté moins folide,
une prédifpofition aux diathèfes morbides.

❧

Quant à l'époque de l'année où il eft le plus
convenable d'engendrer, on a fait depuis longtemps la remarque que les enfants les plus robuftes font ceux qui ont été conçus au printemps.

Bien que chez l'homme il n'y ait pas d'époque déterminée pour l'union des fexes, cependant c'eft au renouvellement de la belle faifon
qu'il fe montre le plus fenfible aux plaifirs de
l'amour.

Une dame du grand monde avouait à un médecin que c'était furtout au mois de mai qu'elle

avait befoin de fe tenir fur fes gardes pour éviter les faux pas.

L'exubérance de forces que réveillent chez les deux sexes les émanations vivifiantes d'une nature rajeunie, ne peut que contribuer à doter richement l'être futur.

⁂

Comme les différentes époques de la journée repréfentent en petit celles de l'année, felon la remarque d'Hippocrate, on s'eft auffi demandé s'il y a une *heure génitale*, un temps plus favorable à la conception, comme le croyaient les anciens

Plutarque, dans fes *Propos de table*, a longuement difcuté la queftion du « temps propre à cognoiftre femme. »

Olympius prétendait qu'il fallait fe gouverner envers le jeu des amours de manière que le foir en fe couchant on dît : « Il n'eft pas encore temps, » & le matin en fe levant : « Il n'eft plus temps. »

Ceux qui veulent réfoudre la queftion au lieu de l'éluder doivent opter pour le matin.

C'eſt le matin, comme l'a fait obſerver Virey, que le coq coche ſes poules. C'eſt dans ce printemps de la journée que les fleurs s'épanouiſſent & ſe fécondent.

On demandait à Fontenelle s'il n'avait jamais ſongé à ſe marier. « Quelquefois, répondit le philoſophe, le matin. »

On raconte que les jéſuites, voulant augmenter la population du petit Etat qu'ils avaient fondé au Paraguay, faiſaient sonner la cloche chaque matin une heure avant le lever.

Il eſt certain que les enfants conçus le matin, après un ſommeil réparateur, doivent être plus vigoureux que ceux qui ont été procréés après une journée d'agitation & de fatigue.

CHAPITRE III

DE L'INFLUENCE QU'EXERCE, PENDANT LA GROSSESSE,
L'ÉTAT MENTAL DE LA MÈRE SUR LE PRODUIT
DE LA CONCEPTION

L'âme a le pouvoir d'organiſer le fœtus.

STAHL.

L A mère, fuivant l'expreffion d'un phyfiologifte allemand, doit fe confidérer
comme une arche facrée dans laquelle
Dieu a dépofé fon nouvel ouvrage, & dont elle
eft refponfable envers le Créateur.

Elle doit veiller par tous les moyens poffibles
à la fanté de l'âme & du corps du nouvel être
qui vient d'être appelé à la vie.

* * *

Les devoirs des générateurs commencent
avant la conception; mais ils n'en deviennent

que plus impérieux & plus graves quand l'ovule
a reçu l'impulſion de la vie.

Occupons-nous d'abord de l'influence que le
moral de la mère peut exercer ſur l'enfant qu'elle
porte dans ſon ſein.

Les anciens connaiſſaient ce mode d'influence
& lui attribuaient une puiſſance toute particulière.

Chez les Grecs, les gynécées, ou appartements
des femmes, étaient peuplés de ſtatues repré-
ſentant les dieux, les demi-dieux & les déeſſes
dans les poſes les plus gracieuſes & ſous les
formes les plus élégantes.

Pendant la groſſeſſe les yeux d'une Spartiate
n'étaient frappés que par des images qui rappelaient la beauté unie à la force.

On avait ſoin que tout concourût à préparer
une race de héros. « Même avant de naître, un
« Spartiate n'était pas un homme ordinaire ; il
« avait ſucé, pour ainſi dire, dans le ventre de ſa
« mère, ſon caractère & ſes vertus. »

⁂

L'hiſtoire rapporte que Denys, tyran de Syracufe, fit pendre le portrait de Jafon devant le lit de fa femme, pour que la beauté du chef des Argonautes fe reproduifît fur les traits de l'être dont on attendait la naiffance.

On connaît ce fait cité par Montaigne d'une fille qui « feut préfentée à Charles, roy de « Bohëme & empereur, toute velue & hériffée, « que fa mère difait avoir efté ainfi conceue à « caufe d'une image de fainct Iean Baptifte « pendu en fon lict; tant y a, ajoute le philo- « fophe, que nous voyons par expérience les « femmes envoyer aux corps des enfants qu'elles « portent au ventre des marques de leurs « fantaifies. »

Nicolas Malebranche, qu'on a furnommé le *Platon chrétien*, raconte qu'une femme ayant été vivement impreffionnée par un tableau de faint Pie dont on célébrait la canonifation, accoucha d'un enfant qui reffemblait d'une manière frap- pante à ce perfonnage.

Il avait le front très peu développé, parce que cette partie était effacée chez le faint, qu'on avait repréfenté la tête élevée vers la voûte de l'églife.

Il portait des ftigmates qui rappelaient à s'y

méprendre l'image d'une mitre. On diftinguait
même des marques rondes aux endroits où celle-
ci était couverte de pierreries.

« C'eft, ajoute le célèbre oratorien, une chofe
« que tout Paris a vue auffi bien que moi. »

⚜ ⚜ ⚜

Les obfervations de ce genre ont toujours été
accueillies avec incrédulité.

Nous n'y attachons qu'une importance médiocre ; cependant il eft curieux de les rappro-
cher d'un fait moderne dont l'authenticité ne
peut être conteftée.

M. le docteur Liébault, dans l'ouvrage qu'il a
publié il y a quelques années : *Du Sommeil & de
fes états analogues*, affirme connaître un vigneron
dont la tête reffemble à s'y méprendre à celle
du patron de fon village, tel qu'il eft repréfenté
dans l'églife.

Tout le temps de fa groffeffe, fa mère avait eu
l'idée que fon enfant aurait une tête pareille à
celle que l'image du faint préfentait à fes yeux.

❧ ❧

Nous doutons que la contemplation habituelle de la beauté plaſtique ſoit un moyen bien efficace de contribuer au perfectionnement de la forme humaine.

Nous penſons, toutefois, que l'influence de l'état moral & phyſique de la femme ſur le fœtus eſt inconteſtable, & que l'étude des phénomènes qui en dépendent pourrait conduire à des applications pratiques.

L'expérience prouve chaque jour que le fœtus participe aux affections morales de ſa mère, & que l'ébranlement du ſyſtème nerveux de cette dernière retentit dans celui de l'enfant, qu'il vicie ſouvent d'une manière durable.

On ſait que Jacques Ier d'Angleterre ne pouvait ſans treſſaillir voir une épée nue, & qu'il était d'une nature très craintive, bien qu'il appartînt à une famille où la bravoure était héréditaire.

Peu de temps avant ſa naiſſance, Marie Stuart, ſa mère, avait vu David Rizzio ſuccomber à ſes côtés ſous les coups des complices de Bothwel.

Millot raconte avoir souvent remarqué que les enfants issus de femmes dont la grossesse s'était passée dans des chagrins & des contrariétés, étaient sujets, dès les premiers jours de leur naissance, à des tressaillements & trémoussements nerveux qui se produisaient même pendant le sommeil.

On dit que sous le régime de la Terreur beaucoup de femmes mirent au monde des enfants sourds-muets, aveugles ou idiots.

Il faut généralement révoquer en doute l'influence qu'aurait exercée sur le fœtus une circonstance ou un objet peu propre par lui-même à commotionner profondément le moral de la femme.

Ainsi, on doit presque toujours rejeter comme controuvées les histoires où il s'agit d'*envies,* nom que l'on donne communément à des stigmates auxquels le vulgaire croit trouver quelque ressemblance avec une fraise, une groseille, etc.

« Ces taches, dit Bonnet, font comme les

« nues ; on y trouve tout ce qu'on y cherche. »

La reffemblance qu'elles préfentent eft toujours groffière, trouvée après coup, & dépend moins de l'imagination de la mère que de celle des perfonnes qui l'entourent.

Mais, felon nous, on ne peut nier que dans certaines circonftances exceptionnelles où l'embryon eft doué d'une fufceptibilité toute fpéciale, celui-ci ne puiffe contracter une anomalie ou une léfion par l'effet d'un ébranlement violent ou d'une tenfion longtemps foutenue du moral de la mère.

⁂

Cette opinion remonte à la plus haute antiquité, & fi elle repofe fur une erreur, il n'y a peut-être pas d'exemple de préjugé qui fe foit perpétué dans toute fa force pendant une auffi longue fuite de générations.

Tout le monde a lu dans la Genèfe l'hiftoire des troupeaux de Jacob.

Il avait été convenu entre Laban & Jacob que le premier aurait toutes les brebis ou les chèvres qui naîtraient d'une feule couleur, & le dernier toutes celles qui feraient tachetées.

Jacob plaça dans les canaux où les troupeaux venaient s'abreuver des branches de peuplier, d'amandier & de plane dépouillées par endroits de leur écorce, de manière qu'elles étaient bigarrées.

Il arriva que les brebis ayant conçu à la vue de ces branches eurent des agneaux tachetés & de diverfes couleurs.

Hippocrate & avec lui toute l'antiquité admettaient l'influence de l'imagination de la mère fur le produit de la conception.

Le médecin de Cos fauva une princeffe accufée d'adultère parce qu'elle avait donné le jour à un enfant noir. Le portrait d'un Maure, qui fe trouvait au pied du lit de la mère, légitima à fes yeux la couleur du nouveau-né.

L'opinion du père de la médecine régna en fouveraine jusqu'en 1727, époque à laquelle un Anglais, Jacques Blondel, la taxa de préjugé, &

donna contre elle le fignal d'attaques qui furent vivement continuées par Haller, Buffon, etc.

⁂

L'influence occulte dont il s'agit n'en avait pas moins confervé fon crédit dans les maffes ; mais elle était niée de la généralité des médecins, lorfqu'il y a quelques années, des obfervateurs honorablement connus dans la fcience, MM. les docteurs Bayard, Guiflain, Bonaffies, répondirent par des faits aux dénégations de ces efprits fceptiques.

Ces auteurs ont cité un grand nombre de faits à l'appui de la thèfe qu'ils foutiennent. En voici quelques-uns :

Une dame mit au monde une fille dont la tête était inclinée à droite, direction vicieufe qui a perfifté, parce qu'étant enceinte de deux mois, elle avait vu paffer fur une charrette trois condamnés à mort, dont l'un, à demi évanoui, avait la tête penchée fur l'épaule droite.

Une autre dame, fœur d'un médecin qui a configné tous les détails de l'obfervation, fut très effrayée à la vue d'une flamme éloignée qu'elle apercevait dans la direction de fon village natal.

L'événement apprit qu'elle avait raifon. Comme la diftance était affez confidérable, il fe paffa quelque temps avant qu'elle fût rien de pofitif.

Cette longue incertitude agit probablement avec force fur l'imagination de cette femme, qui fe plaignit pendant tout le temps de fa groffeffe d'avoir fans ceffe la flamme devant les yeux. Trois mois après l'incendie, elle accoucha d'une fille qui avait fur le front une tache rouge terminée en pointe comme une flamme ondoyante.

Un autre fait curieux eft celui que rapporte M. de Frairière. Il a vu en Suiffe un jeune enfant qui n'avait pas de mains, par l'effet de l'impreffion que fa mère avait reffentie pendant fa groffeffe à la vue d'un vieux foldat qui avait eu les deux mains gelées en Ruffie. L'impreffion avait été fi forte que la mère s'était évanouie.

✠
❦ ❦

On trouve, en compulfant les anciens auteurs

& surtout ceux du XVIIIe siècle, un grand nombre de faits qui corroborent l'opinion des praticiens que nous venons de citer.

Un des plus connus est celui qui a été rapporté par un des observateurs les plus profonds qui aient illustré l'art médical, le célèbre Van Swieten.

Il reçut un jour la visite d'une jeune demoiselle, d'une rare beauté, dont le cou portait l'empreinte d'une chenille si naturellement dessinée, qu'il avança la main pour la faire tomber.

Il apprit d'elle que ce signe était dû à une chenille qui était tombée sur le cou de sa mère pendant sa grossesse & qu'on avait eu bien de la peine à arracher.

« J'examinai ce stigmate, dit Van Swieten, &
« je reconnus, à ne pouvoir m'y méprendre, les
« poils droits & les couleurs de l'insecte, & je
« puis dire que la ressemblance d'un œuf à un
« œuf n'était pas plus parfaite.

« Il y a des gens, ajoute-t-il, qui riront de
« ma crédulité ; mais je voudrais bien que ces
« messieurs me disent s'ils se croient en état de
« rendre raison de tant d'autres phénomènes

8

« que nous savons avoir lieu dans l'œuvre de la
« génération. »

⁂

J'ai eu moi-même l'occafion de recueillir un
affez grand nombre d'obfervations qui démontrent que l'idée maternelle peut fe matérialifer
chez l'embryon. En voici cinq qui font inédites,
& dont je garantis l'authenticité.

Mme ..... voyait approcher avec effroi le moment de fa délivrance, car elle était perfuadée
qu'elle accoucherait d'un chien.

Depuis plufieurs mois, en effet, toutes fes
idées s'étaient concentrées fur un petit chien
noir que poffédait une perfonne de fa connaiffance, & dont celle-ci avait refufé de lui
faire cadeau.

Elle avait fait part de fes appréhenfions non
feulement à fes amies, mais à M. le docteur
L... père, de Dijon, qui devait l'affifter.

Le moment de l'accouchement arriva.

Dans les intervalles de repos que lui laiffaient
les douleurs, elle s'écriait, malgré les railleries

du médecin : « Que de fouffrances pour accoucher d'un chien ! »

Tout fe paffa régulièrement. Mme ..... mit au monde un enfant bien conformé, mais qui préfentait les particularités fuivantes :

Il portait depuis la nuque jufqu'au bas des reins une efpèce de crinière formée de poils noirs, raides, ferrés, longs de plufieurs centimètres.

Les parties latérales & antérieures de la poitrine étaient couvertes de deux plaques formées de poils de même efpèce. Enfin, il exiftait deux plaques femblables au niveau des hanches.

M. le docteur L... père a confervé un deffin de cette fingulière anomalie.

⚜

Une jeune actrice de l'Odéon, enceinte de quelques femaines, fut tout à coup obfédée par l'idée de manger des radis.

Comme elle reffentait une vive démangeaifon à l'aile droite du nez chaque fois que l'envie devenait plus impérieufe, elle fut, à dater de ce moment, perſuadée que l'enfant qu'elle mettrait au monde porterait ſur cette partie de la face l'empreinte du fatal légume.

Arrivée à Dijon pour faire ſes couches, elle fit part de ſes appréhenſions à ſa famille & à toutes les perſonnes de ſa connaiſſance.

L'événement prouva qu'elles étaient fondées.

Voici ce que je conſtatai ſur l'enfant au moment de ſa naiſſance :

Il portait à l'aile doite du nez une tache arrondie, de la dimenſion d'un centime, & dont la teinte roſée, aſſez vive au pourtour, allait en pâliſſant de la circonférence au centre.

Ce dernier point préſentait un relief très marqué & ſe terminait par une eſpèce de pointe à l'état rudimentaire.

Il était impoſſible, en voyant ce ſtigmate, de méconnaître l'image d'un radis.

L'enfant mourut quelques jours après ſa naiſſance.

☙❧

J'ai accouché une domeſtique qui, ayant été

obligée, pendant fa groffeffe, de dépouiller un lapin, ce qu'elle faifait pour la première fois, s'était fentie vivement impreffionnée à la vue de la tête écorchée de l'animal.

L'occafion s'étant préfentée, quelques femaines après, de procéder à une opération du même genre, cette fille éprouva pour cette befogne une répugnance tellement infurmontable, qu'elle aima mieux quitter la maifon où elle fervait, ce qu'elle fit le jour même.

A dater de cette époque, fon idée fixe était que l'enfant qu'elle mettrait au monde aurait une tête femblable à celle dont l'image était fans ceffe devant fes yeux.

Elle accoucha d'un mort-né dont la tête, par la conformation du crâne & de la face, la couleur fanguinolente de l'épiderme & la faillie des yeux, rappelait d'une manière effrayante, je puis le dire, celle d'une tête de lapin.

* * *

Mme ..... voyait tous les jours paffer dans la rue un monfieur eftropié, & chez lequel les doigts

8.

étaient tellement rétractés dans la paume de la main, qu'à une certaine diftance ces extrémités femblaient manquer complétement, & que le pouce feul était vifible.

Cette infirmité avait vivement impreffionné le moral de Mme ....., qui, fe trouvant enceinte, s'inquiétait à l'idée de mettre au monde un enfant difforme.

C'eft ce qui eut lieu. L'enfant, qui eft maintenant âgé d'une dizaine d'années, n'a point de doigts à la main droite; le pouce feul exifte.

Mme ...., étant enceinte, fut un jour brufquement accoftée par un mendiant qui lui tendit une main dont la paume était percée de part en part.

A dater de ce moment, Mme ..... ne ceffa d'avoir devant les yeux la main du mendiant & de témoigner aux perfonnes de fa connaiffance les craintes qu'elle concevait de voir fon enfant atteint de la même difformité.

L'événement juftifia fes appréhenfions.

Le petit être vint au monde avec une perforation complète de la paume de la main.

⁂

Cette dernière obſervation ſurtout me ſemble concluante.

Comment un eſprit ſérieux, & qui ne ſerait pas dominé par une idée préconçue, pourrait-il attribuer à une ſimple coïncidence la ſucceſſion des trois faits ſuivants ?

Apparition d'un homme portant un trou à la paume de la main ;

Appréhenſion & pour ainſi dire preſcience de la mère, qui a la conviction que l'enfant qu'elle mettra au monde préſentera la même difformité ;

Enfin, naiſſance d'un enfant portant la difformité prévue, léſion tellement rare à l'état congénital, qu'il en exiſte à peine un autre exemple dans la ſcience.

⁂

Il semble résulter d'une observation très curieuse que nous empruntons à un physiologiste allemand, Vering, que l'impression maternelle peut étendre son effet sur plusieurs groffesses succeffives, mais en s'affaibliffant peu à peu.

Une jeune femme eut peur, dans le premier mois de sa groffesse, d'un enfant qui avait un bec-de-lièvre, & depuis lors elle ne put se délivrer de la crainte de tranfmettre cette infirmité à son fruit.

En effet, l'enfant dont elle accoucha avait un bec-de-lièvre complet; un second enfant n'eut qu'une sciffion de la lèvre supérieure; & un troifième, une fimple ligne rouge à cette même lèvre.

Un autre fait, rapporté par le docteur Sims, pourrait même faire suppofer que l'impreffion peut influer non sur la groffesse préfente, mais sur celle qui vient après.

Une femme qui avait été très effrayée par un mendiant qui lui avait préfenté inopinément un moignon de bras à la portière de sa voiture, accoucha d'un enfant bien conformé, mais mit plus tard au monde un enfant atteint de la difformité qu'elle avait redoutée pour le premier.

⁂

Quelques obfervations tendraient à démontrer que l'influence dont nous nous occupons s'exercerait auffi dans quelques cas chez les animaux.

Si l'on en croit le docteur Robert, qui dit en avoir fait lui-même l'expérience, on fe procure à volonté des lapins noirs en fufpendant dans leurs cabanes des étoffes de cette couleur à l'époque de l'accouplement.

Stark raconte qu'une paire de pigeons groffegorge, jaunes & d'un gris argenté, après avoir perdu un petit qui venait d'éclore, nourrirent un jeune claquart noir qu'on plaça dans leur nid.

Comme ils continuèrent à lui donner des foins pendant la couvée fuivante, les petits qui fortirent des œufs ne leur reffemblèrent plus comme par le paffé, mais offrirent l'image parfaite, quant à la couleur & aux taches, de l'étranger qu'ils avaient élevé.

On croit même avoir obfervé une influence fpécifique des oifeaux qui couvent fur les petits qui fe développent dans les œufs, quoique toute communication matérielle foit impoffible.

Selon Bechftein, une variété de pigeons à ailes & queue noires, dont les petits ne diffèrent jamais de leurs parents par la couleur, acquiert quelques plumes rouges à la queue & aux ailes quand on les fait couver par une autre variété tachetée de rouge.

⁂

Les faits que nous avons rapportés plus haut font inexplicables dans l'état actuel de la phyfiologie; mais doit-on nier un phénomène vital par la feule & unique raifon qu'il eft impoffible d'en déterminer les conditions matérielles?

D'ailleurs, comme le fait obferver Burdach, n'a-t-on pas remarqué que les idées produifent dans le corps un changement qui leur correfpond?

Lorfque la vue d'un organe bleffé ou déformé chez un autre homme fait une vive impreffion fur nous, nous éprouvons une fenfation particulière & pénible dans l'organe correfpondant de notre propre corps; on peut donc fort bien admettre qu'en pareil cas l'organe analogue de l'embryon fubit une déformation par fympathie.

Les organes homonymes de la mère & du fruit paraiffent être tellement en harmonie les uns avec les autres que, quand ceux de la mère fubiffent une léfion, ceux du fruit peuvent fubir un changement correfpondant dans leur conformation.

L'embryon d'une vache qui avait reçu un coup de maffue fur le front portait une contufion au même endroit.

La même obfervation a été faite également fur le faon d'une biche qui avait reçu un coup de feu à la partie latérale de la tête. (Bechftein.)

On nous objectera que bien des mères ont eu l'imagination frappée pendant la groffeffe & font néanmoins accouchées d'enfants bien conformés. Ce fait eft inconteftable; mais que faut-il en conclure ?

C'eft que l'idée maternelle ne fe matérialife

chez l'embryon qu'autant que celui-ci eſt doué d'une ſuſceptibilité toute ſpéciale.

Que dirait-on d'un homme qui nierait la contagion de la ſyphilis par la raiſon qu'il s'y ſerait expoſé pluſieurs fois impunément ?

Nous penſons que le nouvel être réſiſte ordinairement à l'influence dont nous parlons & n'y cède que dans des cas tout à fait exceptionnels.

Il faut un ébranlement violent, une tenſion longtemps ſoutenue du moral de la mère & une prédiſpoſition extraordinaire de l'embryon.

Il faut, en outre, s'il s'agit d'altérations profondes de l'organiſme, que l'évolution du nouvel être ſoit peu avancée au moment où la mère recevra l'impreſſion dont l'enfant portera un jour l'empreinte indélébile.

Ajoutons que les faits du genre de ceux que nous avons cités plus haut n'ont à nos yeux d'authenticité & de valeur ſcientifique qu'autant que la femme a fait connaître d'avance l'impreſſion qu'elle avait reçue & les craintes qu'elle concevait de mettre au monde un enfant difforme, & que la difformité s'eſt trouvée correfpondre exactement à celle dont l'idée obfédait la mère.

❧ ❧ ❧

Les obfervations que nous avons relatées paraiffent beaucoup moins étranges quand on réfléchit aux rapports intimes qui lient la mère & l'enfant, & aux modifications profondes qui peuvent fe produire dans l'organifme fous la fimple influence de l'imagination.

Le fœtus fait partie intégrante de fa mère. Il n'eft, pour ainfi dire, qu'un organe furajouté, qui vit aux dépens de fon humeur & de fon fang.

L'imagination d'une femme enceinte fe concentre tout entière fur fon fruit. La mère ne porte pas feulement l'embryon. Son âme eft « groffe auffi de la penfée de ce même embryon. »

Comment l'état mental de la mère ne réagirait-il pas fur l'être qu'elle porte dans fon fein, puifque fon action s'étend jufqu'à l'enfant qui jouit d'une vie indépendante & qui ne correfpond

9

plus phyſiquement avec l'organiſme maternel
que par l'intermédiaire du lait deſtiné à ſubvenir
à ſes premiers beſoins?

On voit ſouvent des accidents graves ſurvenir
chez des nourriſſons qui ont pris le ſein peu
d'inſtants après que la mère a éprouvé une vio-
lente commotion morale.

En voici quelques exemples :

Une dame ayant donné le ſein après un violent accès de colère, l'enfant qu'elle nourriſſait
fut pris preſque immédiatement de convulſions
& ſuccomba en quelques heures.

Une autre femme fut frappée de terreur à la
vue d'un incendie & tomba en ſyncope. A peine
remiſe, elle donna le ſein à un enfant de 4 à
5 mois. Le petit être en éprouva bientôt de l'a-
gitation, puis des contorſions muſculaires, &
mourut le lendemain dans de violentes convulſions.

Une accouchée donnait à téter à ſon enfant,
lorſqu'un officier de police ſe préſenta chez elle
pour lui annoncer une nouvelle effrayante. Elle
retira mort de ſon ſein, en préſence du nouveau-
venu, l'enfant qui, quelques minutes auparavant,
jouiſſait de la meilleure ſanté.

Voici deux faits d'un autre genre qui démontrent le rapport intime qui relie phyfiologiquement la génération & les fonctions qui s'y rapportent, aux mouvements de l'âme, à la fimple imagination.

On trouve dans Treviranus l'hiftoire d'une femme dont les feins fe rempliffaient de lait chaque fois qu'elle entendait les vagiffements d'un nouveau-né.

M. Meyer cite un cas non moins curieux obfervé par Pichon.

Une femme de 48 ans qui, depuis quatre ans, n'était plus réglée, & dont la fenfibilité était fort exaltée, fut prife, en affiftant à l'accouchement long & pénible d'une de fes fœurs, de douleurs abdominales femblables à celles de la parturition.

Quelques jours après furvint une hémorrhagie par les parties génitales qui dura plufieurs jours.

Trois jours après la ceffation de cet écoulement, les feins non feulement fe tuméfièrent,

mais fournirent une fécrétion de lait affez
abondante.

Terminons ce chapitre par quelques confidé-
rations pratiques.

Il eft certain que les léfions ou les difformités
qui fe produifent chez le fœtus fous l'influence
de l'imagination maternelle, font des cas exceptionnels & rares qui fuppofent un ordre particu-
lier d'idées ou de fenfations élevées à un haut
degré d'activité.

L'impreffion ne peut arriver à l'enfant qu'à
travers l'âme de fa mère.

Si l'imagination, naturellement plus active
pendant la groffeffe, n'était pas encore pervertie
par un régime énervant, elle réagirait prefque
toujours avec fuccès contre l'influence qui la
frappe.

On citerait à peine quelques cas d'anomalies
chez les femmes de la campagne & de la claffe
ouvrière. Elles s'obfervent prefque exclufivement
chez les femmes du monde, dont le fyftème

nerveux eſt entretenu dans cet état d'éréthyſme que provoquent les lectures ſentimentales, l'extaſe de la penſée, les plaiſirs bruyants & les émotions factices.

Elles ſont peu à redouter chez les femmes douées d'un eſprit ſolide, qui comprennent l'importance de leurs devoirs de mère & d'épouſe, & dont la vie s'écoule paiſiblement à travers la ſainteté & les joies pures de la vie de famille.

Il eſt néanmoins prudent d'écarter de la vue de toutes les femmes enceintes les objets bizarres, les infirmités inſolites & les ſpectacles dégoûtants qui pourraient les impreſſionner trop vivement.

9.

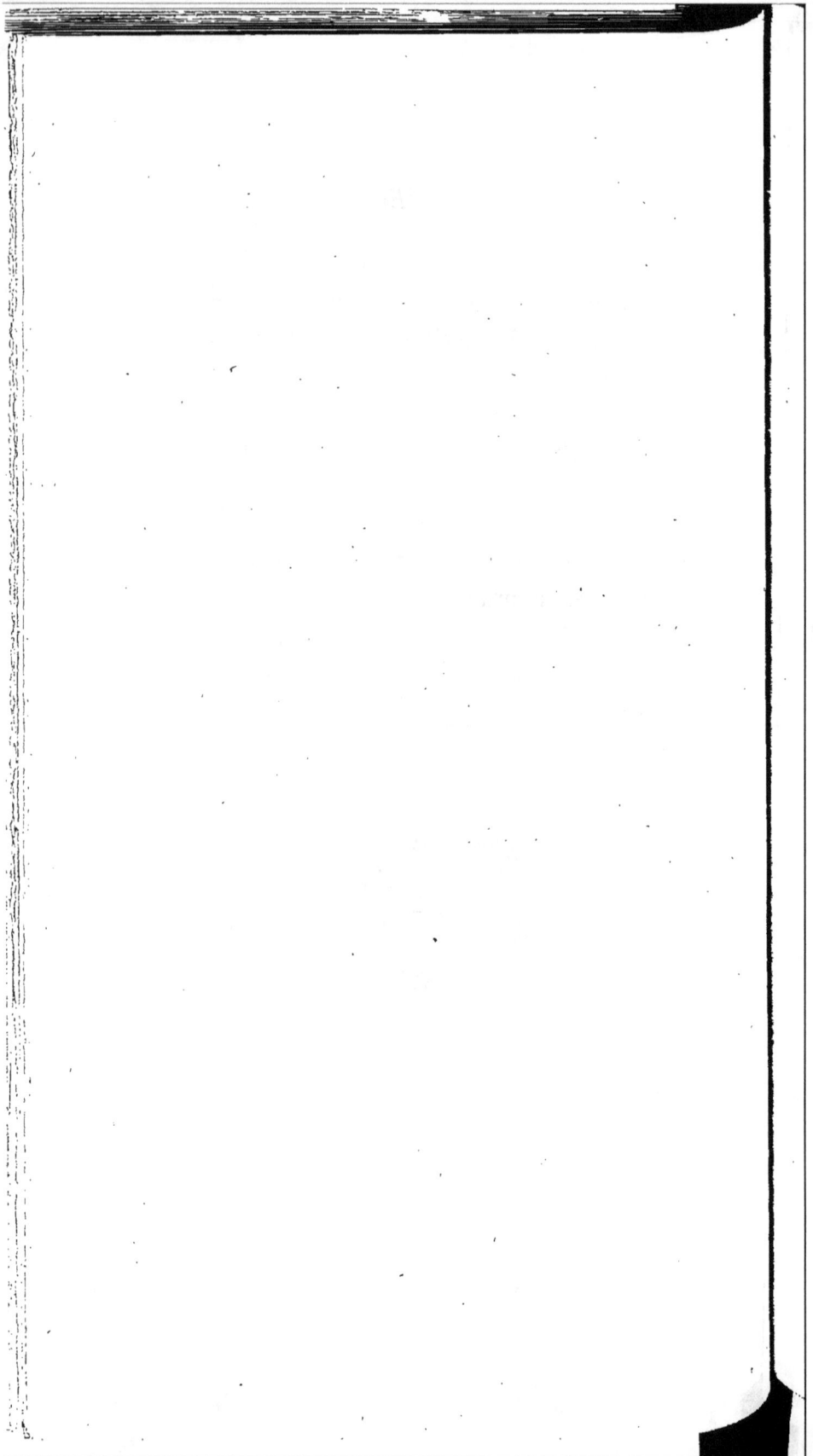

CHAPITRE IV

DES PRÉCAUTIONS A PRENDRE PENDANT LA GROSSESSE,
DANS L'INTÉRÊT DE L'ENFANT

Ce n'eft point affez que l'hygiène ait préparé, dans une union foigneufement affortie, les conditions d'une defcendance faine & robufte; fa tâche refterait incomplète fi elle n'entourait de fa follicitude ce germe précieux pendant toute la durée de l'incubation maternelle.

FONSSAGRIVE.

LA femme dont le sein vient d'être fécondé ne s'appartient plus. Elle se doit tout entière à l'être pour lequel, suivant l'expression de saint Paul, Dieu vient de créer une âme.

C'est pour elle un devoir impérieux de prendre toutes les précautions qui sont de nature à assurer la solidité de cette « greffe vivante, » & à favoriser son plein & entier développement.

※

Suivant un grand nombre de moralistes & de médecins, le vœu de la nature étant satisfait par la groſſeſſe, le rapprochement des ſexes après la conception deviendrait non ſeulement une fonction inutile, mais un acte coupable.

La femme ne devrait plus recevoir de paſſager quand le navire a ſa cargaiſon, pour nous ſervir des expreſſions de Julie, la fille impudique d'Auguſte.

« C'eſt une religieuſe liaiſon & dévote que le « mariage, dit Montaigne, & ſa principale fin, « c'eſt la génération. Il y en a qui mettent en « doute ſi, lorſque nous ſommes ſans eſpérance « de ce fruit, comme quand elles ſont enceintes, « il eſt permis d'en rechercher l'embraſſement; « c'eſt un homicide à la mode de Platon. »

L'hiſtoire raconte que Cornélie, la mère des Gracques, & Zénobie, reine de Palmyre, n'approchaient jamais de leurs époux que pour avoir des enfants, & qu'auſſitôt enceintes, elles s'en éloignaient.

Suivant ſaint Clément, c'était une règle, parmi quelques peuples païens, de ne jamais toucher une femme qui avait conçu.

Pallas raconte que les Calmouks condamnent celui dont l'incontinence a été la cauſe d'un avortement, à autant de fois neuf pièces de bétail que le fœtus expulfé prématurément a de mois.

⚘ ⚘

On a reproché à l'homme d'être, au point de vue qui nous occupe, beaucoup moins raifonnable que les bêtes.

Chez la plupart des animaux, les deux fexes montrent une averfion infurmontable l'un pour l'autre après un accouplement fructueux.

La remarque en a été faite par Harvey fur la biche, par Cuvier fur les finges, par Thaer fur les juments.

La chatte fauvage frappe fon mâle à la face & le met en fuite. L'éléphant femelle fécondé repouffe à coups de trompe les tentatives du mâle pour s'accoupler.

La même antipathie s'obferve chez des animaux d'ordre inférieur. Ainfi, les femelles des araignées & des cantharides dévorent fréquemment les mâles auffitôt après l'accouplement lorfqu'ils ne fe retirent pas en toute diligence.

⁂

Faut-il prohiber abfolument les plaifirs de l'amour pendant la groffeffe, & dire aux mères, avec l'auteur de *la Luciniade* :

Epoufes, je vous donne un confeil falutaire :
Quand vous aurez conçu, n'allez plus à Cythère!

Dionis, médecin de Marie-Thérèfe, femme de Louis XIV, n'était pas de cet avis. Il avait eu vingt enfants & fe vantait de n'avoir jamais ceffé de fréquenter fa femme pendant fa groffeffe.

Nous ne penfons pas que les jouiffances véné-riennes puiffent avoir de grands inconvénients pendant la geftation, fi on n'en ufe que d'une manière difcrète & avec des ménagements tout particuliers.

Il ferait néanmoins prudent de les interdire aux femmes délicates, nerveufes & fujettes aux hémorrhagies utérines pendant la groffeffe.

Zimmerman les accufe de provoquer de nom-breux avortements.

Levret penfe que la plupart des fauffes couches

qui furviennent fpontanément, fans caufe connue, n'ont pas d'autre origine.

⚜ ⚜

Les femmes enceintes doivent refpirer un air
pur & falubre.

Les gaz délétères & les émanations putrides font
nuifibles non feulement à la mère, mais au fœtus.

Les fièvres intermittentes paludéennes, qui
font dues à un empoifonnement du fang par des
effluves marécageux, fe tranfmettent fouvent,
avec tous les caractères qui leur font propres,
de la mère à fon fruit.

Ainfi, une femme groffe fut atteinte d'une
fièvre tierce opiniâtre, avec friffon extrêmement
vif & teint ictérique. Elle guérit au commence-
ment du huitième mois de fa groffeffe, & mit au
monde un enfant à terme qui était affecté de la
même maladie, offrant des fymptômes identiques.

⚜ ⚜

Les femmes enceintes font généralement peu

10

accessibles aux influences morbifiques, parce que chez elles toute l'activité vitale semble se porter vers l'utérus; mais elles n'en doivent pas moins redouter la contagion pour l'enfant qu'elles portent dans leur sein.

On voit souvent la mère servir de conducteur à un principe contagieux pour lequel elle n'a aucune réceptivité, & le transmettre au fœtus sans en être atteinte elle-même.

Ebel a observé pendant une épidémie de variole une femme qui, quinze jours avant d'accoucher, avait senti son enfant remuer avec violence.

Celui-ci vint au monde avec des pustules en pleine suppuration.

On cite beaucoup de femmes qui, ayant eu autrefois la petite vérole, étaient respectées par la maladie régnante, mais dont les enfants venaient au monde avec des boutons ou des cicatrices de variole.

Des cas analogues ont été cités pour la rougeole & la scarlatine.

Ne serait-ce pas à une infection antérieure, & qui n'a pas laissé de traces, qu'il faudrait attribuer cette circonstance que beaucoup d'enfants, sans qu'on sache pourquoi, sont réfractaires à l'action du vaccin ?

Wolftein affure que les veaux nés de vaches qui ont eu le typhus pendant la geftation, font moins fujets à cette maladie que ceux dont les mères ont été épargnées par cette affection.

⁂

Rien n'est mieux avéré que la tendance du génie endémique à frapper l'enfant au moment de la conception ou pendant la groffeffe, d'un mal qu'il n'a pas eu la force de produire chez les générateurs.

L'expérience a montré aux médecins de Savoie que les hommes les plus fains qui viennent habiter & fe marient dans les lieux où les goîtres font fréquents, peuvent donner le jour à des enfants crétins.

Procréent-ils dans d'autres lieux, les enfants naiffent exempts de crétinifme. (Piorry.)

Un auteur parle d'un individu dont les enfants naiffaient entendants & parlants à Paris, & fourds-muets à Bordeaux.

Les époux M... avaient cinq enfants fourds-muets nés à Rebrechien, près de la forêt d'Orléans. Cet endroit était élevé & fain en apparence; cependant, un ménage qui avait occupé précédemment la maison habitée par M..., y avait procréé trois enfants fur lesquels deux étaient fourds-muets. (Puybonnieux.)

Le nombre des crétins a diminué dans le Valais depuis que les femmes paffent le temps de leur groffeffe loin des lieux bas & humides.

⁂

On a remarqué que les femmes qui languiffent dans l'inaction pendant leur groffeffe, donnent le jour à des enfants lourds, dépourvus de vivacité & d'intelligence.

L'exercice, en imprimant aux humeurs de la mère une légère agitation, les épure & communique d'heureufes qualités au fœtus.

Il favorife le développement du produit & prépare une heureufe délivrance en rendant la digeftion plus active, l'affimilation plus régulière & les mouvements de la vie plus énergiques.

Ariftote avait déjà obfervé que les femmes qui ne ceffent de travailler pendant leur groffeffe accouchent plus facilement que celles dont la vie eft inactive & fédentaire.

On a fait la même remarque chez les animaux domeftiques.

Les vaches qui ne fortent pas de l'étable périffent fréquemment en vêlant, & c'eft parce qu'ils font bien inftruits de cette particularité que les éleveurs des grandes villes ont coutume de vendre leurs vaches tous les étés, pour les remplacer par d'autres qui viennent du pâturage & font fur le point de mettre bas.

« Le travail foutenu, dit Grognier, eft pour les animaux une condition de fanté. »

On a penfé que pour conferver aux étalons & aux poulinières toute leur vertu prolifique, il fallait fe garder de les faire travailler. De tous les préjugés dans l'élève des chevaux, ce n'eft pas celui qui s'eft le moins oppofé à la multiplication & à l'amélioration de ces nobles animaux.

La femme enceinte doit toujours éviter, fur-

10.

tout pendant la dernière période de la geſtation, les mouvements violents, les courſes pénibles, les ſauts, la danſe, ſurtout la danſe circulaire, l'action de lever des fardeaux, les voyages dans une voiture mal ſuſpendue, etc.

Les phyſiologiſtes qui s'occupent de la tératologie produiſent à volonté des vices de conformation ou des monſtruoſités chez les oiſeaux, en ſecouant de temps en temps les œufs ſoumis à l'incubation.

On peut admirer, mais il ne faudrait jamais imiter Jeanne d'Albret, qui, dans ſon neuvième mois, ſur la demande de ſon père qui voulait « qu'elle lui apportât ſa groſſeſſe en ſon ventre, » traverſa toute la France &, après quinze jours de voyage, arriva à Pau, en Béarn, où elle accoucha « du meilleur des rois. »

Si la femme enceinte doit craindre d'imprimer de trop fortes ſecouſſes au fœtus, elle doit auſſi éviter tout ce qui pourrait le gêner dans ſon développement.

A Sparte, une loi de Lycurgue enjoignait aux femmes groffes de mettre des vêtements affez larges pour ne porter aucune atteinte à l'objet précieux dont la nature les avait rendues momentanément dépofitaires.

A Rome, une loi ordonnait aux femmes qui avaient acquis la certitude d'avoir conçu, de quitter le *fafcia mamillaris*, efpèce de bandelette de laine dont elles avaient l'habitude de fe ferrer la taille au-deffous des feins.

Je voudrais, dit le poète-médecin que nous avons déjà cité plus haut,

Je voudrais qu'une femme enceinte eût de tout temps
Des vêtements aifés autour du corps flottants,
Tels que chez les Hébreux en portaient les Lévites.

Toute femme enceinte devrait avoir la fageffe de s'abftenir de corfet, bien que depuis quelques années l'hygiène, avec l'aide de la mode, ait obtenu des améliorations importantes dans la conftruction de cet appareil.

Non feulement le corfet peut nuire au libre développement de l'enfant & lui faire prendre une pofition vicieufe; mais les preffions partielles qu'il exerce fur le ventre peuvent produire des monftruofités, le milieu où fe développe l'embryon ayant une influence confidérable fur les transformations qu'il fubit.

M. Darefte, en répétant les expériences de Geoffroy Saint-Hilaire, a prouvé qu'il fuffifait de troubler méthodiquement l'organe où mûrit l'embryon, pour obtenir à volonté tel ou tel ordre de monftruofités, & produire de ces êtres étranges que les anciens confidéraient comme des jeux de la nature.

Toutefois, fi une conftriction irrationnelle peut avoir de grands inconvénients, il n'en eft pas de même d'une contention douce & uniforme qui foutienne les parties fans les comprimer.

Ainfi, l'application d'une ceinture fouple & élaftique convient à merveille pendant les derniers mois de la groffeffe, furtout dans certains états maladifs antérieurs de l'utérus ou de fes annexes.

❧ ❧

Quant à l'alimentation de la femme pendant la groffeffe, elle a beaucoup moins d'influence fur la fanté de l'enfant qu'on pourrait le fuppofer.

C'eft une erreur de croire que la femme ait befoin de manger davantage pour fubvenir aux frais d'une double nutrition.

La nature, qui, comme nous l'avons déjà dit dans un autre chapitre, tient plutôt à la propagation de l'efpèce qu'à la confervation de l'individu, a donné au fœtus les moyens de vivre largement aux dépens de fa mère, même dans le cas où la nutrition ne s'opérerait chez cette dernière que d'une manière tout à fait infuffifante.

« J'ai fouvent vu, dit M. Guyet, des femmes « affectées de vomiffements inceffants, obligées « par conféquent de fe contenter de fort peu « d'aliments, donner le jour à des enfants « bien nourris. »

Rouffel dit avoir vu des femmes ne prendre, pendant tout le temps de la groffeffe, que du café à l'eau dans lequel elles trempaient quelquefois un morceau de pain, & cela fans aucun inconvénient pour l'enfant.

Nous ne préfentons pas ces obfervations comme des exemples à fuivre ; mais elles prouvent que la mère & fon enfant peuvent vivre avec une très faible quantité d'aliments.

⚜ ⚜

Le régime alimentaire chez les femmes enceintes ne peut être foumis aux règles ordinaires de la diététique.

L'eftomac eft un organe « ondoyant & divers, » pour nous fervir des expreffions de Montaigne ; mais c'eft pendant la groffeffe que fes caprices fe montrent dans toute leur bizarrerie.

On voit tous les jours des femmes enceintes rejeter les mets les plus légers, même les boiffons, & digérer avec une facilité étonnante les aliments les plus lourds, tels que le jambon & le pâté de foie gras.

Il faut refpecter ces anomalies, dont l'expérience démontre prefque toujours l'innocuité.

D'autres femmes chez lefquelles l'appétit eft non feulement capricieux, mais dépravé, fe nourriffent d'aliments inufités & même de fubstances dégoûtantes.

On trouve dans les auteurs des cas de ce genre bien finguliers.

Baudelocque racontait dans fes leçons avoir connu des femmes dont les unes aimaient paffionnément le marc de café, d'autres le charbon, quelques-unes la cire à cacheter ou le poiffon cru volé, d'autres enfin du foin arraché à une voiture au moment où elle paffait dans la rue.

Une fille a avoué à Sauvage qu'elle mangeait avec un plaifir infini la croûte qui s'attache aux latrines.

Zacutus Lufitanus a connu une femme enceinte qui, ayant goûté par mégarde fes excréments, en fit par la fuite fa nourriture favorite, au point qu'elle ne pouvait s'en paffer fans être malade.

On lit dans les *Tranfaétions philofophiques* l'hiftoire d'une femme qui, dégoûtée de tous les aliments, s'introduifait le canon d'un foufflet dans la bouche, faifait manœuvrer elle-même

l'inftrument, & avalait à longs traits & avec dé-
lices l'air qui en fortait.

⁂

Il faut, en général, compofer avec les caprices de l'eftomac quand ils n'ont rien de trop
déraifonnable & que leur fatisfaction ne peut
caufer aucun préjudice à la fanté.

Mais quand ils font exagérés, abfurdes, tyran-
niques, on peut y réfifter fans danger pour
l'enfant.

Nier l'influence de l'imagination fur les qualités du produit ferait fe mettre en contradiction
fyftématique avec des faits bien obfervés, comme
ceux que nous avons rapportés dans le chapitre
précédent.

La mère agit fur fon fruit « par fon être tout
entier, & non pas feulement par le fang qu'elle
lui fournit. »

Mais fe rendre à la première fommation d'un
fimple caprice, quelque impérieux qu'il puiffe
être, ferait accorder à cette influence une importance vraiment exagérée.

Il n'eft pas de femmes, comme le fait remarquer M. Fonffagrives, dont la groffeffe ne foit fignalée par des envies auxquelles il eft le plus fouvent impoffible de donner fatiffaction ; & cependant que de fignes annoncés comme une menace & dont l'abfence vient donner un démenti aux prévifions de la mère !

Un point de l'hygiène alimentaire de la femme enceinte fur lequel on ne faurait trop infifter, c'eft le danger qu'entraînerait pour l'enfant à naître l'abus des boiffons alcooliques.

Nous avons vu quelle funefte influence exerce fur l'être futur l'état d'ivreffe du père au moment de la conception, c'eft-à-dire dans cet inftant fi rapide où le générateur donne fimplement à l'ovule l'impulfion vitale.

Quelles doivent donc être les conféquences de l'abus des liqueurs fortes de la part de la mère, avec laquelle l'enfant eft en connexion intime pendant neuf mois !

La femme enceinte devra donc s'abftenir de

liqueurs fpiritueufes & de boiffons ftimulantes,
telles que le café & le thé, ou du moins n'en
ufer qu'avec beaucoup de modération.

Sans parler des inconvénients qui peuvent en
réfulter pour fa propre fanté, il eft à craindre
que l'abus dont il s'agit n'impreffionne d'une
manière fâcheufe le fyftème fenfitif de l'enfant
qu'elle porte dans fon fein, & ne le prédifpofe
aux affections cérébrales ou à ces troubles intel-
lectuels divers dont nous avons parlé en nous
occupant des dangers de l'ivreffe au moment de
la conception.

Les confeils que nous venons de formuler
relativement à la manière dont les femmes enceintes doivent régler leurs plaifirs fexuels, leurs
travaux & leur alimentation, conftituent pour
ainfi dire le régime phyfique de la groffeffe.
Ceux qui concernent l'hygiène morale de la
geftation ne font pas moins importants.

L'état de groffeffe met en effet la femme
dans des conditions mentales toutes particulières.

La femme enceinte eft généralement plus impreffionnable ; elle a l'intelligence plus faible, le jugement moins fûr, l'imagination plus active, plus mobile, plus prompte à s'alarmer.

Auffi, la femme qui promettait de devenir mère était-elle chez les peuples anciens l'objet d'une protection fpéciale & même d'une efpèce de culte confacré par des ufages particuliers.

A Athènes & à Carthage, la demeure d'une femme enceinte était un afile facré où le glaive de la juftice ne pouvait atteindre le meurtrier.

A Rome, les femmes mariées, « dans le fein desquelles le légiflateur fuppofait toujours un gage de fécondité, » n'étaient pas tenues de fe retirer, comme les autres citoyens, à l'approche des premiers magiftrats.

Le conful Mummius faifait abaiffer les faif-ceaux de fes licteurs devant une matrone qui portait les fignes de la groffeffe.

La femme enceinte devra fe fouftraire à tous les modificateurs moraux & paffionnels qui pourraient tourmenter fon organifme & celui de fon enfant.

Elle cherchera un refuge dans l'atmofphère paifible de la vie de famille, & fe livrera à des travaux manuels en rapport avec fes forces, fes habitudes & fa pofition fociale.

Un des plus grands bienfaits d'une vie active & occupée, pendant la groffeffe, c'eft de faire taire les paffions qui s'exaltent & fermentent dans l'oifiveté & l'ennui.

La femme qui comprend les devoirs que la maternité lui impofe, même avant la naiffance de l'enfant, évitera les plaifirs bruyants & les émotions réelles ou factices.

Elle fe méfiera des entraînements d'une mufique paffionnée, s'abftiendra de lectures romanefques, & fuira les repréfentations dramatiques émouvantes.

On a vu des femmes prifes prématurément des douleurs de l'enfantement à la fuite de fpectacles qui les avait fortement impreffionnées, ce qui a fait dire à un écrivain que rien ne manquait à la gloire de la littérature actuelle, pas même les avortements provoqués.

L'état moral de la femme pendant la groffeffe

commande beaucoup d'égards & de douceur ;
fon mari devra donc lui éviter tout fujet d'ennui
ou de contrariété, & l'entourer d'innocents plaifirs & de douces diftractions.

Un phyfiologifte admire ces fages d'Orient
dont nous parle l'hiftoire, qui jouaient avec
leurs femmes enceintes, exécutaient leurs vo-
lontés, fe pliaient à leurs caprices, dans le but de
leur procurer la férénité de l'âme & la joie du
cœur.

« Excellente & fublime leçon de fagesse, de
« devoir & d'amour conjugal, que devraient
« fuivre les hommes de notre époque ; je veux
« défigner ces hommes qui fe montrent auffi
« indifférents à donner le jour à une chétive
« progéniture, qu'ils font empreffés à perfec-
« tionner la race de leurs chiens ou de leurs
« chevaux. »

11.

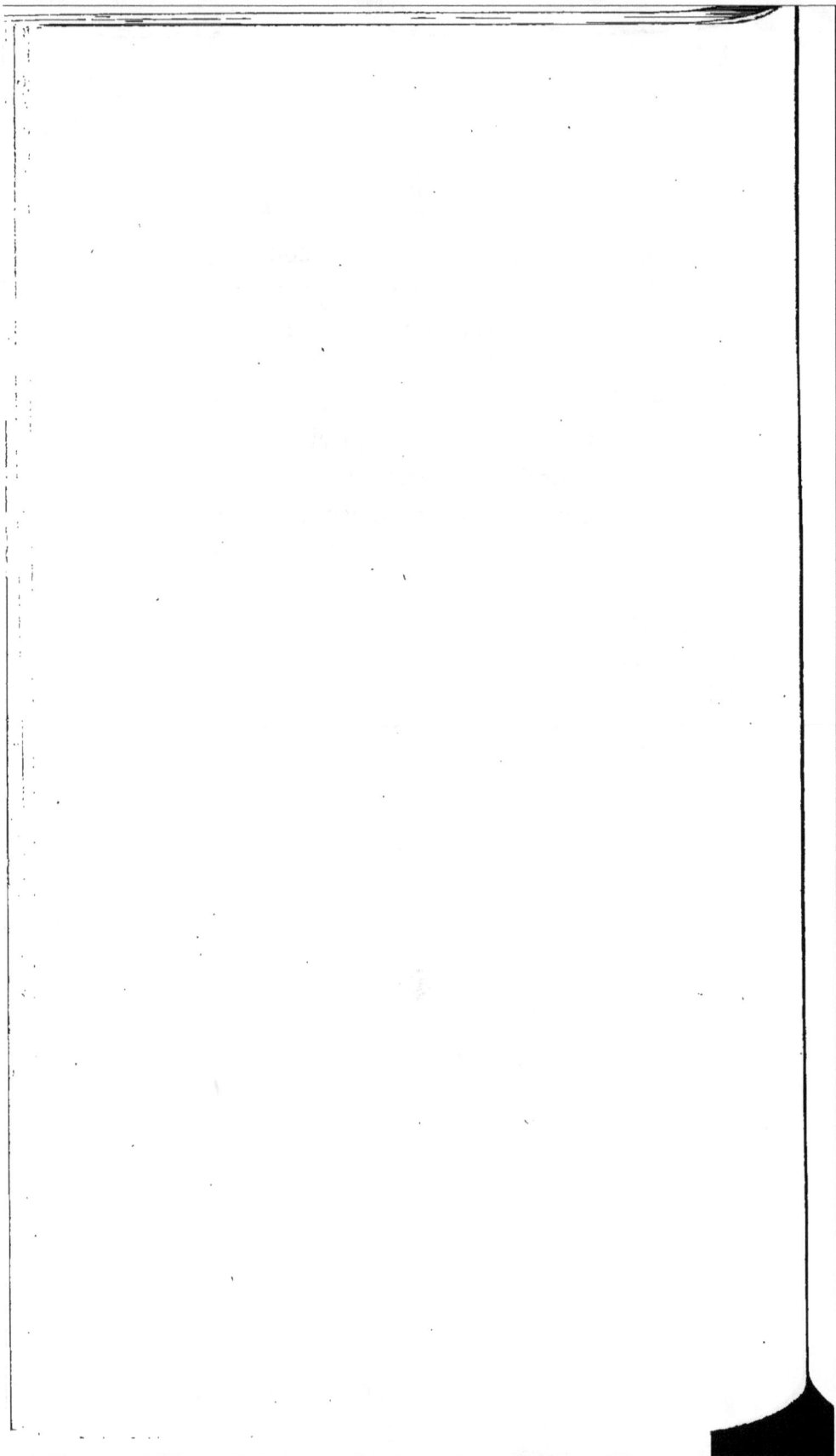

CHAPITRE V

DES DANGERS DE LA CONSANGUINITÉ MATRIMONIALE

C'eſt la loi naturelle qui eſt ici en parfait accord avec la défenſe religieuſe. Selon l'ordre du Créateur, le fleuve de la vie ne doit pas couler toujours ſur les mêmes terres. Ce n'eſt qu'à cette condition que les êtres conſervent leur vigueur native & leur force première.

Mᵍʳ DE TOURS.

CELUI qui veut avoir une defcendance irréprochable au point de vue fanitaire, fe gardera bien de contracter une alliance confanguine.

Les lois romaines & le chriftianifme, en prohibant l'union matrimoniale entre certains degrés de parenté, ont donné la preuve d'une fage prévoyance basée fur une fcience profonde des lois de la vie.

Les inveftigations de la phyfiologie moderne ont, en effet, établi que quand la confanguinité fe répète, quand on fème toujours le même grain fur le même champ, pour nous fervir des expreffions de Franck, la famille déchoit fous le rapport de la beauté, de la force & de l'intelligence.

« D'après une règle commune à toutes les « nations policées, a dit un éminent jurifcon- « fulte, la famille ne doit pas trouver dans fon « propre fang les éléments d'une famille nou- « velle.

« Le fang a horreur de lui-même dans le rap- « port des fexes ; c'eft par le fang étranger qu'il « veut fe perpétuer. »

C'eft à un travail de dégénérefcence par défaut de renouvellement du fang qu'il faut attribuer l'abâtardiffement progreffif & enfin l'extinction de la plupart des grandes familles nobiliaires & princières.

Les ariftocraties, réduites à fe recruter dans leur propre fein, s'éteignent, fuivant Niebuhr, en paffant prefque toujours par la dégradation, la folie, la démence & l'imbécillité.

Efquirol, Spurzheim & Ellis penfent que c'eft à la confanguinité qu'il faut attribuer la fréquence de l'aliénation mentale & de fon hérédité dans les grandes familles de France & d'Angleterre.

C'eft encore à la même caufe qu'il faudrait rapporter la dégradation phyfique & morale qui frappe certaines populations ifolées & reftreintes, où, depuis longtemps, toutes les familles font alliées entre elles, comme il arrive dans quelques parties de la Suiffe où règnent le crétinifme, l'idiotie & la furdi-mutité de naiffance.

Telle ferait encore l'origine des *Cagots* des Pyrénées, des *Vaqueros* des Asturies, des *Coliberts* du Poitou.

Suivant les calculs d'un phyfiologifte, tandis que fur cent mariages conclus dans les conditions ordinaires, 70 à peu près donnent des produits paffables, on peut admettre que fur 100 unions entre parents, 30 au plus profpèreront.

Il y en aura 70 dont les enfants, s'il en naît, ce qui eft beaucoup plus rare qu'entre étrangers, naîtront porteurs d'infirmités inconnues dans leurs familles & feront fourds-muets, aveugles, bègues, boiteux ou idiots.

✤
✤ ✤

Cette loi eſt confirmée par ce qui ſe paſſe chez les animaux.

Hartmann aſſure que les bêtes fauves renfermées dans des parcs où elles ne peuvent ſuivre leur inſtinct naturel, qui eſt de changer de gîte & même d'émigrer aux époques du rut, produiſent une race dont la taille & la vigueur diminuent à chaque génération.

En vain objectera-t-on que les chevaux qui triomphent habituellement ſur le turf proviennent preſque toujours d'alliances répétées du même ſang.

Comme je l'ai fait obſerver dans mon *Art de Vivre longtemps*, peut-on regarder comme des types de perfection des animaux maigres, efflanqués, qui, préparés de longue main, franchiſſent un court eſpace avec une viteſſe exceſſive, mais qui, élevés artificiellement en vue de cette aptitude ſpéciale, manquent abſolument de réſiſtance & de force ?

Le bœuf durham, le mouton diſhley, le porc

newleicefter, chefs-d'œuvre de l'induftrie humaine, font des monftruofités.

Ces produits factices préfentent tous les caractères propres aux êtres dégradés : rapidité de croiffance, vie plus courte, fécondité moindre, prédifpofition aux maladies cachectiques.

Quand on perfifte dans ce que les Anglais ont appelé la *production en dedans*, efpèce, race, fanté, fécondité, viabilité, tout s'éteint.

Ce fyftème, mis en vogue par Backwell, dont les races ainfi créées difparaiffaient comme elles s'étaient formées, a entraîné la perte de l'un des plus anciens haras d'Angleterre (Grognier), & la difparition de magnifiques races d'autres efpèces d'animaux (Girou de Buzareingue).

⁂

Une imperfection organique dans la production de laquelle la confanguinité intervient de la manière la plus évidente, c'eft la furdi-mutité.

Les populations ifolées & qui fe marient entre elles font celles qui renferment le plus de fourds-muets.

En Irlande, le docteur Peet a constaté que
1 sourd-muet sur 16 provient de mariages con-
sanguins.

Ceux-ci étant aux mariages croisés comme
1 est à 70, il s'ensuit que la surdi-mutité con-
génitale apparaît au moins 4 fois, si ce n'est
5 fois plus souvent à la suite de mariages entre
parents qu'à la suite de mariages hétérosan-
guins.

M. Boudin, en étudiant la surdi-mutité suivant les pays & les cultes, a trouvé :

D'une part, que la proportion des sourds-
muets s'élève selon les difficultés des communications avec le dehors, ou, en d'autres termes,
selon l'accroissement de la proportion des unions
consanguines ;

D'autre part, qu'elle croît avec la somme des
facilités accordées aux unions consanguines par
la loi religieuse.

⚜ ⚜ ⚜

Nous pourrions citer un nombre considérable
de faits qui démontrent l'influence des unions

confanguines fur la production de la furdi-mutité.

Nous nous bornerons à rapporter les deux obfervations fuivantes qui ont été recueillies, l'une par M. le docteur Devay, de Lyon, l'autre par M. le docteur Foreftier, d'Aix en Savoie.

Deux fœurs, Mlles Du..., époufèrent, dit M. Devay, l'une M. D..., l'autre M. L..., habitant tous les deux l'île de Ré. Les époux L... eurent trois fils de leur mariage ; les époux D... eurent entre autres enfants, trois filles qui, plus tard, fe marièrent avec les trois fils L..., leurs coufins germains. L'état fanitaire des divers membres de cette nombreufe famille ne laiffait rien à défirer.

Du mariage de l'aîné L... font nés un garçon & deux filles ; ces trois enfants jouiffent de tous leurs fens.

Du fecond mariage font nés cinq enfants, trois garçons & deux filles. L'aîné des garçons a parlé, mais avec un accent qui l'aurait facilement fait prendre pour un étranger. Le deuxième garçon eft fourd-muet de naiffance ; il s'eft marié avec une étrangère & il a eu deux enfants qui parlent. Le troifième garçon eft fourd-muet de naiſſance ; il eſt reſté célibataire. Les deux filles ont l'uſage de la parole, mais l'une d'elles prononce difficilement certaines lettres.

Du troiſième mariage ſont nés deux garçons & une fille, encore vivants, & un monſtre qui n'a pas vécu. Les deux garçons ſont ſourds-muets de naiſſance ; l'aîné, marié à une étrangère, a un enfant qui parle. La fille n'a commencé à parler qu'à 6 ans.

L'influence de la conſanguinité eſt ici inconteſtable ; en effet, ſur douze enfants iſſus de ces trois mariages, on en trouve ſeulement quatre complètement ſains ; quatre ſont ſourds-muets de naiſſance ; un n'a parlé qu'à l'âge de 6 ans ; deux ont une prononciation difficile ; le douzième, enfin, eſt un monſtre.

On ne peut invoquer l'hérédité pour expliquer cette influence, puiſqu'on voit, d'un côté, des époux conſanguins ayant de bons antécédents de famille & ſains eux-mêmes procréer des enfants ſourds-muets, &, d'un autre côté, ces mêmes ſourds-muets, après avoir contracté des alliances étrangères, donner le jour à des enfants qui jouiſſent de l'uſage de la parole.

M. Foreſtier cite l'hiſtoire d'une famille confanguine dans laquelle huit enfants furent frappés à divers degrés.

Le premier enfant de deux époux, coufins germains, mais remarquables par leur belle conftitution, naquit doué de tous les fens; à l'âge de 18 mois il fut pris d'une fièvre très aiguë avec délire, mais fans convulfions; à la fuite de cette maladie, les membres inférieurs s'atrophièrent, & il devint cul-de-jatte. L'ouïe s'était en outre altérée dès le début de la maladie & avait fini par fe perdre entièrement.

Le fecond enfant naquit doué de tous les fens, mais il fuccomba à l'âge de 5 ans; le troisième vit encore & eft complètement fourd; le quatrième eft né fourd-muet; le cinquième, bien conftitué, très intelligent, eft atteint d'un affaibliffement de l'ouïe; le fixième, du fexe féminin, vint au monde privé de l'ouïe; le feptième eft idiot dès fon enfance; le huitième enfin, doué d'une magnifique fanté, eft né fourd.

⁕

L'albinifme, anomalie affez rare & qui con-

12.

fifte dans la diminution ou même l'abfence totale du pigment (matière deftinée à colorer la peau), a été fignalé comme un des effets de la confanguinité.

On a même dit que cette défectuofité n'avait peut-être pas d'autre caufe.

Un médecin américain, M. Bemiss, a recueilli parmi les enfants iffus de vingt-fept mariages confanguins féconds, cinq cas d'albinifme, réfultat ftatiftique qui a une certaine fignification à raifon de la rareté de l'anomalie dont il s'agit.

On rencontrait fouvent à Dijon, il y a quelques années, un albinos appartenant à une des familles les plus honorables des environs. Or, M. *** était né d'un mariage confanguin dont il était réfulté trois enfants, tous trois albinos.

Cette dégénérefcence, que les habitants du village de *** attribuaient à la prédilection de Mme *** pour les lapins, n'était pas héréditaire, car il n'y en avait jamais eu d'exemple dans la famille.

Les unions confanguines produifent l'albinifme non-feulement chez l'homme, mais chez les animaux.

Ainfi les poules & les coqs de la Flèche, dont la couleur eft conftamment noire à l'état normal, s'albinifent par la feule influence d'un croifement confanguin.

Les fouris & les rats blancs proviennent d'éducations clauftrales & ont la même origine.

Les animaux qui fe cantonnent, comme difent les chaffeurs, par exemple les lièvres & les perdrix, font fujets à l'albinifme par défaut de croifement.

Les volailles blanches femblent également devoir leur couleur à une dégénérefcence de même nature; auffi font-elles plus délicates, moins fécondes, & n'arrivent-elles jamais à l'état adulte dans les mêmes proportions numériques que les volailles aux brillantes couleurs.

C'eft chez les lapins qu'il eft le plus facile de produire l'albinifme & de fuivre les progrès de cette dégénérefcence.

M. Ch. Aubé a fait à ce fujet des expériences très intéreffantes.

Il a obfervé que lorfqu'on fait couvrir la femelle du lapin par un mâle de la même portée, les petits font ou gris maculés de blanc, ou plus fréquemment encore d'un roux pâle, avec ou sans maculature.

Si l'on accouple deux individus provenant de cette union, on obtient des lapins noirs & blancs.

L'expérience pourfuivie, la quatrième génération offre des fujets d'un gris ardoisé bleuâtre, réfultant du mélange de poils noirs & de poils blancs.

Si, enfin, on réunit encore deux élèves de cette dernière portée, il eft à peu près certain qu'il naîtra des albinos parfaits, c'eft-à-dire entièrement blancs, avec des yeux rofes.

De toutes les déviations organiques engendrées par la confanguinité, la plus curieufe eft, fans contredit, la polydactylie, c'eft-à-dire l'existence de doigts ou d'orteils en plus grand nombre qu'à l'état normal.

Le ſexdigitiſme, c'eſt-à-dire la préſence de ſix doigts à une ſeule main, eſt fréquent dans certaines villes où les mariages conſanguins ſe répètent. M. Bonnet, de Lyon, diſait avoir opéré fréquemment des enfants atteints de cette infirmité & qui étaient tous iſſus de mariages entre parents.

M. Devay cite à cet égard un fait bien ſingulier.

Il y a une quarantaine d'années, les habitants d'une petite commune de l'Isère qui, à raiſon de l'extrême difficulté des communications, ſe trouvait comme iſolée & ſans rapports avec les populations environnantes, portaient tous, hommes & femmes, un ſixième doigt et un ſixième orteil aux mains & aux pieds.

Ce phénomène bizarre s'obſervait encore il y a peu d'années; ſeulement, comme les habitudes de la population s'étaient modifiées, les appendices ſurnuméraires n'exiſtaient plus chez quelques ſujets qu'à l'état rudimentaire : ce n'était qu'un gros tubercule au centre duquel on rencontrait cependant un corps dur, oſſeux;

l'apparence d'un ongle plus ou moins formé terminait cet appendice fixé latéralement en dehors à la bafe du pouce.

⁂

Il eft inconteftable que la confanguinité eft préjudiciable à la defcendance.

Cette influence nuifible ne fe traduit pas feulement par les mutilations ou les fingularités anatomiques dont nous venons de parler ; elle peut revêtir les formes les plus variées.

Ainfi, elle peut s'accufer par une moindre viabilité ; par une débilité de conftitution qui difpofe aux fcrofules pendant l'enfance ; par des malformations ou des infirmités.

Elle peut fe révéler par des imperfeétions fenforiales, fpécialement du côté de la vue & de l'ouïe ; par des maladies du fyftème nerveux, telles que l'épilepfie, la chorée, les paralyfies, l'imbécillité, l'idiotifme, la folie, & c'eft le plus fréquent ; par la ftérilité ou une moindre fécondité, bien que cette conféquence de la confanguinité ait été exagérée (Mitchell).

Quand elle épargne les enfants, elle peut fe faire fentir fur les petits-enfants, de telle forte que les mariages confanguins peuvent dépofer dans la defcendance directe des germes morbides qui refteront à l'état d'incubation latente pour se développer à la feconde génération.

La doctrine de la nocuité des mariages confanguins a rencontré depuis quelque temps d'affez nombreux contradicteurs.

On a prétendu que la confanguinité n'avait d'autre effet que de concentrer & de fixer chez certains fujets les aptitudes, les formes & les maladies héréditaires; qu'elle n'avait aucun inconvénient quand les conjoints, appartenant à une famille exempte de tout vice, fe trouvaient eux-mêmes dans de bonnes conditions de fanté; enfin, qu'elle pouvait avoir des avantages quand ceux-ci étaient doués de qualités physiques & morales éminentes.

La prétendue hérédité qu'invoquent les défenfeurs des unions entre proches eft imaginaire.

Si les obſervations qui ont été citées à l'appui des conſéquences déſaſtreuses de la conſanguinité nous paraiſſent probantes, c'eſt préciſément parce que des infirmités ou déviations organiques ſont ſurvenues chez des individus appartenant à des familles où elles n'avaient jamais apparu avant le mariage conſanguin.

CHAPITRE VI

DE L'HÉRÉDITÉ MORBIDE ET PHYSIOLOGIQUE

13

Maxima ortus noftri vis eft, nec parum
felices bene nati.

FERNEL.

ON a souvent dit que l'homme ne mourait pas, mais qu'il se tuait. *Non accepimus brevem vitam, sed facimus.*

Bien des hommes, il est vrai, succombent prématurément parce qu'ils ont gaspillé le fonds vital que la nature leur avait départi, quelquefois avec libéralité, au moment de la naissance.

Mais souvent aussi, quand ils périssent avant l'âge, c'est que leurs ascendants ne leur ont transmis qu'une vitalité insuffisante, ou leur ont légué le germe d'une maladie dont l'évolution devait braver les efforts de la médecine.

Ce font des victimes qui fe débattent fous le poids d'un péché originel dont l'hygiène la mieux raifonnée ferait le plus fouvent impuiffante à opérer la rédemption.

⁂

L'hérédité joue un rôle immenfe dans la pathogénie. Elle eft l'origine de la plupart des maladies chroniques qui affligent l'humanité & font le défefpoir de la médecine.

Malheureufement, à l'époque de pofitivifme où nous vivons, on ne comprend pas qu'une corbeille de mariage eft mieux remplie quand on y met une bonne afcendance héréditaire que quand on la garnit de titres, de cachemires & de bijoux.

Un jeune homme brillant de fanté, pur de tous antécédents diathéfiques, veut fe marier & cherche la fortune.

Elle fe préfente à lui fous les traits d'une jeune fille dont les épaules font faillantes, les joues creufes, les pommettes colorées, le blanc des yeux teinté d'azur & les paupières garnies de longs cils. « Prenez garde, dit la fcience, la mère eft morte phthifique. »

La figure du prétendant fe contracte à cet avertiffement finiftre; mais bientôt elle s'illumine à la vue des chiffres alignés par le notaire. Le mariage s'accomplit.

Le malheureux voit fuccomber les uns après les autres les fruits d'une union à laquelle l'intérêt feul a préfidé.

Il facrifierait pour en fauver un feul toute la fortune dont l'éclat l'a féduit; mais la médecine eft impuiffante à réparer le mal que fes confeils auraient pu empêcher.

※

Un privilège plus précieux que celui de la nobleffe & de l'opulence, c'eft d'être bien né au point de vue phyfiologique.

La vie eft douce & facile pour l'être favorifé qui vient au monde libre de toute attache morbide. Il n'a qu'à fe foumettre aux lois ordinaires de l'hygiène pour arriver à une heureufe vieilleffe.

13.

Au contraire, la vie n'eft prefque toujours qu'une longue lutte pour celui que l'impreffion générative a frappé d'une déchéance imméritée.

Celui qui fonge à fe marier doit donc, dans l'union qu'il projette, fe préoccuper férieufement du foin de tranfmettre à fes rejetons un fang pur & une conftitution exempte de toute efpèce de tare héréditaire.

Il s'éloignera avec effroi de ces familles fur lefquelles s'appefantiffent certaines maladies fatales, inexorables, telles que l'épilepfie, l'aliénation mentale, la phthifie pulmonaire, le cancer, etc.

Toute alliance avec ces familles malheureufes eft réprouvée non feulement par l'hygiène, mais par la morale.

N'eft-ce pas, en effet, une efpèce de crime que de contraƈter, pour obéir à un entraînement du cœur ou à des idées de lucre, une union qui peut-être condamne d'avance d'innocentes créatures foit à une mort anticipée, foit à une exiftence d'infirmités ou de douleurs ?

Les unions de ce genre peuvent être bénies

par le prêtre, mais elles ne font jamais bénies par Dieu.

⁂

L'épilepfie eft un des legs les plus funeftes que des parents puiffent tranfmettre à leurs enfants. C'eft plus qu'une maladie, c'eft prefque un anathème.

Platon l'appelait *morbus facer*, parce que, d'après lui, elle attaquerait la partie divine de l'âme & ferait infligée par le courroux des dieux.

Elle était d'un funefte augure chez les Romains. Aussi les comices étaient-ils diffous auffitôt qu'un de leurs membres en reffentait les atteintes.

⁂

La queftion de l'hérédité de l'épilepfie a foulevé quelques diffentiments ; mais la tradition & l'obfervation populaire parlent plus haut que toutes les difcuffions fcientifiques.

L'expérience domine ici le fcepticifme.

Zacutus Lufitanus a connu un père épileptique qui tranfmit fa maladie à huit fils & à trois de fes petits-fils.

Boerhave a vu tous les enfants d'un père atteint d'épilepfie fuccomber à cette maladie.

Georget cite un père épileptique qui engendra huit enfants, tous épileptiques.

Comment pourrait-on voir dans ces cas & dans beaucoup d'autres que nous pourrions citer, le réfultat d'une fimple coïncidence & l'effet du hafard ?

L'épilepfie eft généralement incurable, furtout lorfqu'elle eft héréditaire. Ceux qui en font atteints parviennent rarement à un âge avancé.

Ceux qui ne fuccombent pas finiffent prefque toujours par tomber dans la démence.

L'épilepfie s'eft rencontrée chez des hommes d'une grande intelligence, fans que celle-ci en fouffrît, par exemple chez Socrate, Platon, Empédocle, Linius Drusus, Cambyfes, Caligula, Plo-

tinus le philofophe, Pétrarque, Charles-Quint, etc.
Mais ces hommes éminents étaient des indivi-
dualités privilégiées.

D'après les recherches d'Efquirol, sur 339
épileptiques, 269, c'eft-à-dire les quatre cin-
quièmes étaient plus ou moins aliénés. Un
cinquième feul confervait l'ufage de la raifon.

L'influence la plus puiffante pour l'anéantiffe-
ment des facultés intellectuelles fe trouve dans
la réunion des accès du grand mal avec les
vertiges.

Quant à l'aliénation mentale, il n'eft pas de
maladie dans laquelle l'action de l'hérédité foit
mieux démontrée.

Il y a des familles dont prefque tous les membres, à une époque plus ou moins avancée de
leur vie, paient ce fatal tribut au fang qui coule
dans leurs veines.

On a vu dans l'afile de Connecticut, à Hart-
ford, un maniaque qui était le onzième de fa
famille.

Il exiftait, il y a quelque temps, près de Nantes, une famille dont fept frères ou fœurs étaient en démence.

Une dame, dont parle Moreau, était la huitième ; fon père, deux frères, deux fœurs, deux coufins & une tante étaient atteints comme elle.

Michaelis rapporte que toute la defcendance mâle d'une famille noble de la ville de Hambourg, était à quarante ans frappée d'aliénation. Il n'en reftait plus qu'un feul rejeton, à qui le Sénat de la ville interdit de fe marier. L'âge critique arrivé, il perdit la raifon.

Bourdin raconte que les médecins d'afiles d'aliénés retrouvent même fouvent les fignes de la folie jufque chez les parents qui amènent des fous dans ces établiffements.

⁂

Le docteur Baillarger a démontré que la folie de la mère eft plus fréquemment héréditaire que celle du père, dans la proportion d'un tiers ; que les garçons tiennent à peu près auffi fouvent la folie de leur père que de leur mère ; mais que les filles, au contraire, héritent au moins deux fois plus ſouvent de la folie de leur mère que de celle de leur père.

En faiſant l'application de ces réſultats au pronoſtic à porter ſur les enfants nés de parents aliénés, on arrive aux concluſions ſuivantes :

La folie de la mère, ſous le rapport de l'hérédité, eſt plus grave que celle du père, non ſeulement parce qu'elle eſt plus fréquemment héréditaire, mais encore parce qu'elle ſe tranſmet à un plus grand nombre d'enfants.

La tranſmiſſion de la folie de la mère eſt plus à craindre pour les filles que pour les garçons ; celle du père, au contraire, eſt plus à craindre pour les garçons que pour les filles.

La tranſmiſſion de la folie de la mère n'eſt guère plus à craindre pour les garçons que celle du père ; elle eſt, au contraire, deux fois plus à redouter pour les filles.

Un des caractères les plus ſinguliers de l'alié-

nation mentale, c'eſt qu'elle peut affecter ſucceſſivement ou alternativement toutes les formes
chez le même individu.

Ainſi, un aliéné paſſe trois mois dans la lypémanie, les trois mois ſuivants dans la manie,
quatre mois, plus ou moins, dans la démence, &
ainſi ſucceſſivement, tantôt d'une manière régulière, tantôt avec de grandes variations.

Une dame âgée de 54 ans eſt un an lypéma-
niaque, & un an maniaque & hyſtérique.

On a vu ſe ſuccéder chez la même perſonne
l'hyſtérie, l'hypocondrie, l'aſthme, l'épilepſie, etc.

« Le mal étant ainſi un Protée chez les aſcendants, le même protéiſme de l'expreſſion
morbide peut donc, dit Proſper Lucas, ſe mani-
feſter chez les deſcendants, ſans contredire en
rien le tranſport ſéminal de la névropathie qu'il
caractériſe. »

Ainſi, Gintrac a vu l'hypéreſthéſie nerveuſe
des aſcendants être chez les deſcendants le point
de départ tantôt de la monomanie, tantôt de la
manie, de la lypémanie, de l'hyſtérie, de l'épilepſie, des convulſions, etc.

On voit dans la même famille un enfant maniaque, un autre épileptique.

Greding a vu la manie de la mère fe changer en épilepfie chez les enfants.

✿ ✿

Le cancer rappelle des idées de récidive, d'incurabilité, de cachexie & de mort.

On l'a ainfi appelé parce qu'on a comparé aux pattes d'un crabe les vaiffeaux dilatés qui s'en écartent en rayonnant.

Cette affection parafite, fur laquelle on appliquait autrefois des morceaux de viande crue pour apaifer la faim du monftre, fe fubftitue à tous les tiffus au fein defquels elle fe développe.

✿ ✿

Quelques médecins, aveuglés par le befoin de contradiction qui tourmente certains efprits, ont rejeté l'influence héréditaire du cancer.

Mais une multitude de faits furgiffent de toutes parts pour protefter contre cette fingulière doctrine.

14

Nous nous bornerons à citer les deux obfervations fuivantes :

La première a été recueillie par M. Waren. Le père étant mort d'un cancer à la lèvre, le fils eut un cancer au fein; deux de fes fœurs eurent également un cancer mammaire. La fille d'une de ces malades eut un cancer au même organe. Enfin, une fille du frère eut un cancer au fein.

La feconde eft due à M. Broca. Il s'agit d'une famille où il y eut 16 cas de cancer fur 27 perfonnes ayant dépaffé l'âge de 30 ans & atteint, par conféquent, l'époque de la vie où cette maladie a l'habitude de fe manifefter.

Sur 137 malades, M. Devay a conftaté 40 fois l'hérédité directe & 18 fois l'hérédité en retour.

On fait que Mme Deshoulières, la Calliope françaife, mourut d'un cancer au fein, & que fa fille, héritière d'une partie de fes talents poétiques, fuccomba à la même maladie.

Il en a été de même de Mme de La Vallière & de la ducheffe de Châtillon, fa fille.

Le cancer de l'eftomac qui enleva Napoléon Ier était un héritage de son père, « le seul qu'il eût reçu de lui, disait Chateaubriand, le reste lui venant des munificences de Dieu. »

La phthisie pulmonaire passe généralement pour être de toutes les maladies transmissibles par hérédité, celle qui fait le plus de victimes, car elle occupe toujours le premier rang dans la série nosologique des décès.

Il y a néanmoins une autre affection, avec laquelle elle a du reste une grande affinité, qui fournirait à la statistique mortuaire un nombre de décès encore plus considérable que la tuberculisation du poumon, si on lui imputait toutes les manifestations locales par lesquelles elle se traduit.

Nous voulons parler de la scrofule.

Aucune maladie n'a autant de tendance à se généraliser dans la famille.

Lugol, qui l'a étudiée avec beaucoup de soin, s'est même demandé si les maladies hérédi-

taires en général ne feraient pas d'origine fcrofuleufe à un degré plus ou moins éloigné, & fi
les caractères de l'hérédité ne feraient pas en
raifon de la parenté des maladies héréditaires
avec la fcrofule.

Cette diathèfe manifefte fes terribles effets dès les premiers mois de la vie intra-uté-
rine, car elle provoque des avortements fpon-
tanés qui font 'périr le quart au moins des
fujets qu'elle atteint avant qu'ils aient vu la lumière.

Après la naiffance, elle arrête leur développement phyfique & moral. Elle complique toutes
les maladies, toutes les évolutions de l'enfance
& de la jeuneffe, qu'elle rend laborieufes &
pleines de dangers.

La mort moiffonne la moitié des enfants fcrofuleux dans les premières années de la vie. On
voit beaucoup de familles dans lefquelles il ne
refte qu'un ou deux enfants fur huit, dix &
même un plus grand nombre.

La fcrofule révèle, enfin, plus formellement
fa préfence par un grand nombre d'états morbides dont on a longtemps méconnu l'origine
commune, & que pour cette raifon les auteurs

ont décrits comme autant de maladies particulières. (Lugol.)

Les maladies héréditaires dont nous venons de
parler, c'eft-à-dire l'épilepfie, l'aliénation mentale, le cancer, la phthifie & la fcrofule, doivent éloigner de toute idée de mariage ceux
qui ne veulent pas fe condamner d'avance à un
avenir de regrets poignants & de déceptions
douloureufes.

Quant aux autres maladies fufceptibles de fe
tranfmettre par impreffion générative, il y en
a quelques-unes qui conftituent un très fâcheux
héritage, mais à l'égard defquelles l'hygiène pré-
ventive doit fe montrer moins rigide, foit parce
qu'elles peuvent céder à un traitement métho-
dique, foit parce qu'elles font compatibles avec
une longue vie ou qu'elles ont moins de tendance à fe généralifer.

Par exemple, l'hyftérie, la fyphilis, la goutte,
le rhumatifme, les maladies de la peau, les maladies des yeux, etc.

14.

L'hyſtérie, peu dangereuſe par elle-même, quoique très difficile à guérir, eſt néanmoins redoutable comme maladie héréditaire, à cauſe de ſon affinité avec l'épilepſie, l'aliénation mentale, etc., & de ſa tendance à ſe propager par métamorphoſe chez les deſcendants.

Briquet a trouvé, en étudiant les antécédents de famille de 223 hyſtériques, que chez les 180 pères de ces hyſtériques dont la ſanté a pu être connue, il y avait eu 3 cas d'hyſtérie, l'un d'eux avec épilepſie; 3 cas d'épilepſie, l'un d'eux avec aliénation mentale; 3 cas d'aliénation mentale, 7 d'apoplexie, 2 de convulſions, 1 de delirium tremens, 6 de phthiſie & 2 d'état maladif habituel.

La valeur de la prédiſpoſition à l'hyſtérie chez les ſujets nés de parents non hyſtériques eſt de 2 & demi pour 100, tandis qu'elle ſerait de 25 à 28 pour 100 chez les ſujets nés de parents hyſtériques.

Ainſi ces derniers ſont, par le fait de

l'hérédité, douze fois plus prédifpofés à l'hyftérie que les fujets nés de parents non hyftériques.

La moitié des mères hyftériques donne naiffance à des hyftériques.

Malgré tous les diffentiments qui fe font élevés entre les auteurs, on ne peut révoquer en doute l'hérédité de la fyphilis par infection primitive du germe au moment de la fécondation.

Cette diathèfe altère quelquefois profondément les fources de la vie.

Les fujets atteints de fyphilis engendrent des enfants faibles, cachectiques, qui naiffent avant terme, qui meurent fouvent dans le fein maternel.

Suivant des obfervateurs diftingués, la fyphilis héréditaire eft une des caufes les plus ordinaires de la production de la fcrofule, qui eft alors non l'héritage direct d'une maladie fcrofuleufe dont le père eft atteint, mais bien le

réfultat transformé d'une ancienne affection
fyphilitique.

✠

L'hérédité joue un grand rôle dans l'hiſtoire
de la goutte.

« Dans la ville que j'habite, dit Pujol de
« Caſtres, il eſt une famille ancienne & très
« honnête qui, dans l'eſpace d'environ cent
« ans, a communiqué à dix autres familles,
« avec leſquelles elle s'eſt alliée, cette maladie
« douloureuſe dont elle était en poſſeſſion de
« temps immémorial.

« Chacune de ces familles ainſi infectées ſait
« fort bien comment & à quelle époque la goutte
« eſt entrée chez elle. »

Le rhumatiſme, qui a tant d'analogie avec la
goutte, reconnaît auſſi l'hérédité au nombre de
ſes cauſes prédiſpoſantes.

Un écrivain ſpirituel a dit : « Lorſqu'on eſt
né de parents rhumatiſants, on a eu ſa première attaque dans la perſonne de ſes aſcendants. »

Quant aux maladies cutanées dépendant d'un vice du fang & d'une diathèfe herpétique, il n'eft perfonne qui n'ait pu s'affurer de leur tranfmiffion héréditaire.

Ce qui fe propage dans cette efpèce de maladie, c'eft plutôt la diathèfe que l'affection locale, de telle forte que l'impétigo du père peut produire une blépharite ciliaire chez un de fes enfants, un lichen chez un autre, un eczéma chez un troifième.

Il y a cependant des cas où la maladie affecte toujours la même forme dans la férie de fes tranfmiffions.

Etienne Geoffroy Saint-Hilaire en a cité un exemple bien remarquable.

Le nommé Edouard Lambert était atteint d'ichthyofe. A l'exception du vifage, de la paume des mains & de la plante des pieds, tout fon corps était revêtu d'excroiffances cornées, bruiffant l'une contre l'autre au frottement de la main.

Il eut fix garçons qui tous, ainfi que lui, dès l'âge de fix femaines, préfentèrent la même fingularité.

Le feul qui furvécut la tranfmit, comme fon

père, à *tous ses garçons*, & cette transmission, marchant de mâle en mâle, s'est ainsi continuée chez la famille des Lambert *pendant cinq générations*.

❧ ❧

Il n'est peut-être pas une seule anomalie de la vue dont l'hérédité ne puisse être le principe.

Le strabisme, la myopie, l'héméralopie, la nyctalopie, l'amaurose & la cataracte atteignent parfois des familles entières.

Pour nous borner à cette dernière maladie, nous citerons cette femme dont parle M. Nélaton, qui, atteinte de cataracte, comptait dans sa famille onze personnes affectées de la même lésion.

M. Maunoir l'a observée sur sa femme, son fils, son grand-père, sur un oncle, une tante & plusieurs cousins du côté maternel.

M. Bouchut rapporte qu'un homme de Lille, affecté de cataracte, eut une férie d'enfants qui offrirent dès leur bas âge la même altération du criftallin.

⁂

Il y a quelques anomalies plus rares, fufcep-tibles de fe tranfmettre par voie féminale, & que nous noterons feulement à titre de fingu-larités.

Ainfi, on a vu dans certaines familles les jeunes garçons venir au monde avec trois tefticules ou les jeunes filles avec trois ma-melles.

Il y en a d'autres chez lefquelles, en vertu d'une idiofyncrafie fpéciale, les dofes les plus légères d'opium provoquent immédiatement un état convulfif.

Zimmermann en cite une que l'influence du café difpofait à dormir, tandis que l'opium était fans action fur elle.

Profper Lucas parle d'une autre famille chez laquelle le calomel, adminiftré aux dofes les plus inoffenfives, détermine promptement le tremble-ment mercuriel.

On lit dans les *Ephémérides germaniques* qu'une femme enceinte, tourmentée du défir de manger des écreviffes, en dévora une fi grande quantité qu'elle en eut la diarrhée, & que la petite fille dont elle devint mère naquit avec un goût fi décidé pour ces cruftacés qu'elle les mangeait tout crus.

⁂

Un autre ordre de faits, qui a peu d'importance au point de vue de l'affortiment des époux, mais qui démontre la puiffance de l'impreffion féminale, c'eft la tranfmiffion héréditaire des mutilations & des tares accidentelles.

Buffon avait remarqué que des chiens auxquels, de génération en génération, on avait coupé les oreilles ou la queue, produifaient des petits dont ces parties étaient plus courtes qu'à l'ordinaire.

Langfdorf nous apprend que ce phénomène eft furtout fréquent au Kamtfchatka, où l'on eft dans l'ufage de couper la queue aux chiens qui fervent à tirer les traîneaux.

Les vétérinaires obfervent affez fouvent·des traces de feu fur des poulains dont les afcendants ont été, dans une fuite de générations, marqués par un fer incandefcent toujours à la même place.

Grognier parle d'une chienne fans queue, dont les produits femelles étaient également fans queue ; il en était autrement des produits mâles.

La boffe du chameau, qui eft un vice produit par la servitude, ainfi que les callofités de la poitrine & des genoux, fe perpétue de race en race.

Les indigènes de l'île de Luçon prétendent que le buffle domeftique porte en naiffant, au cou, la marque du collier de fa mère, & que ce figne eft une caufe de répulfion pour les buffles fauvages.

Des faits femblables s'obfervent chez l'homme. Chez certains peuples, les difformités qui ont été produites par des moyens mécaniques deviennent naturelles par génération. C'eſt ce que l'on remarque aujourd'hui chez les Caraïbes, qui ont l'habitude d'aplatir la tête de leurs enfants.

Au dire de Blumenbach, les enfants iſraélites ont ſouvent le prépuce tellement court qu'on peut à peine les circoncire.

Mauriceau parle d'un père boiteux qui tranſmit ſa claudication à trois de ſes filles & à un fils.

On a cité le cas d'un ouvrier qui, s'étant abattu un doigt d'un coup de hache, engendra deux enfants auxquels le même doigt manquait.

⁂

Les enfants peuvent hériter d'un état diathéſique qu'on ne ſoupçonnerait pas chez leurs parents, ſi les faits ne venaient plus tard démontrer l'influence générative.

On voit ſouvent des individus, ſains en apparence, perdre leurs enfants ou leurs petitsenfants de phthiſie pulmonaire ou de ſcrofule, &

ſuccomber eux-mêmes plus tard à ces maladies dont le germe était reſté chez eux à l'état latent, tandis qu'il s'était développé rapidement chez les ſujets auxquels ils l'avaient tranſmis.

M. Bouchut a connu un coloſſe, le concierge de la Charité de Paris, haut de ſix pieds et peſant plus de 100 kilogrammes, qui perdit ſes deux filles de la phthiſie pulmonaire, à 25 & à 30 ans, & qui mourut après elles d'hémoptyſie & de tuberculiſation du poumon.

M. Lugol cite une dame de 63 ans qui avait vu mourir ſes trois fils de phthiſie pulmonaire, ſans, diſait-elle, qu'elle pût deviner de qui ſes enfants tenaient cette funeſte maladie, & qui elle-même ſuccomba bientôt à la même affection.

M. Turck racontait qu'il avait eu un premier accès de goutte à 30 ans. Aucun membre de ſa famille n'avait encore été atteint de cètte maladie. Il la regardait comme acquiſe, lorſque ſon père eut un premier accès très violent à l'âge de 68 ans.

Elle était donc héréditaire chez M. Turck, & tellement héréditaire que le plus jeune de ſes frères eut, après lui & après ſon père, un premier accès à 33 ans.

Un point qu'il ne faut jamais perdre de vue quand il s'agit de contracter une alliance avec une famille fufpecte, c'eft que le développement des maladies héréditaires a fouvent une époque d'élection.

Jufqu'à cette échéance fatale, le fujet qui doit être frappé peut préfenter tous les attributs d'une magnifique fanté.

Ainfi, une femme reftera brillante d'embonpoint & de fraîcheur jufqu'à 45 ans, âge auquel fa mère a été atteinte d'une affecton cancéreufe.

Il faut également fe rappeler que fi dans beaucoup de cas l'hérédité refte fidèle aux formes antérieures du mal, dans d'autres elle jouit d'une variété prefque illimitée de métamorphofes.

Par exemple, une femme d'un caractère bizarre ou atteinte d'une fimple exaltation nerveufe peut donner naiffance à une fille épileptique qui aura elle-même des enfants ou des petits-enfants atteints d'hyftérie ou d'aliénation mentale.

La fcrofule du père peut fe traduire chez les defcendants, tantôt par la phthifie pulmonaire, tantôt par une tumeur blanche, par la méningite tuberculeufe, etc.

Ces diverfes transformations peuvent dérouter les gens étrangers à la médecine, mais ne tromperont jamais un praticien expérimenté.

⁂

L'exiftence antérieure de maladies héréditaires graves dans une famille doit toujours infpirer des appréhenfions, lors même qu'elles fembleraient avoir difparu depuis un certain temps.

Ces fortes d'intermittences font trompeufes. L'influence de l'hérédité eft fi profonde que des modalités organiques, qui femblaient éteintes, reparaiffent quelquefois au bout de plufieurs générations.

Ces retours étranges que l'hérédité fait fur elle-même s'obfervent affez fréquemment.

Ainfi, par exemple, il arrive fouvent que la phthifie pulmonaire, après avoir décimé une ou plufieurs générations, difparaît, pour fe remontrer avec une nouvelle intenfité chez les générations fuïvantes.

15.

Ce phénomène, auquel on a donné le nom d'*atavifme*, était bien connu des anciens.

Au dire de Plutarque, une femme grecque, accufée d'adultère parce qu'elle avait mis au monde un enfant noir, fe juftifia en prouvant qu'elle defcendait en quatrième ligne d'un Ethiopien.

Ariftote raconte qu'un homme qui avait au bras une tache noire engendra un fils qui n'en fut pas marqué; mais on retrouva sur la même partie du corps du petit-fils la tache de l'aïeul.

On trouve auffi dans les auteurs modernes une foule d'exemples de ce mode de tranfmiffion, qu'on a appelé « l'hérédité en retour. »

Quelques-uns font très finguliers.

Ainfi, on a cité une famille où la difpofition à être gaucher fautait de la première à la troifième génération.

Girou de Buzareingue parle d'un autre famille où l'humeur acariâtre affectait la même marche dans fa tranfmiffion.

On a qualifié de préjugé la répulfion qu'on éprouve généralement à entrer dans une famille dont un ou plufieurs membres fe font rendus coupables d'un crime.

Il y aurait, en effet, de l'injuftice à rendre, d'une manière générale, les enfants refponfables de fautes qu'ils n'ont pas commifes.

Néanmoins, il eft démontré que le penchant aux crimes fe tranfmet héréditairement, indépendamment de la contagion du mauvais exemple & de l'influence du milieu impur où l'enfant a pu naître & grandir.

L'hiftoire & les annales judiciaires en fourniffent de nombreux exemples.

Un homme dont l'expérience fait autorité en pareille matière, Vidocq, dit avoir remarqué « qu'il exifte des familles dans lefquelles le crime fe tranfmet de génération en génération, & qui ne paraiffent exifter que pour prouver la vérité de ce vieux proverbe : *Bon chien chaffe de race.* »

Dans la même génération, dit l'hiftorien de Hammer, l'infanticide fuit de près le parricide, & le poignard du petit-fils venge fur le père l'affaffinat de l'aïeul.

L'antiquité a retenu fur ce point des mots effrayants.

Ariftote cite la réponfe de ce miférable, qui s'excufait en rejetant fur une difpofition d'organifation héréditaire le crime de maltraiter fon père.

« Mon père, s'écriait-il, a battu mon aïeul; mon aïeul a traité de même mon bifaïeul, & vous voyez mon fils; cet enfant n'aura pas l'âge d'homme qu'il ne m'épargnera ni les févices ni les coups. »

Le même philofophe a tranfmis jufqu'à nous le cri de ce père que fon fils traînait par les cheveux à la porte : « Affez, affez, mon fils; je n'ai pas traîné plus loin mon père. »

⚜

Notre but, en traitant de l'hérédité, était de démontrer par des faits les dangers d'une union mal affortie au point de vue phyfiologique.

En s'affimilant des affections d'origine diverfe, l'hérédité tend à les perpétuer, & elle

finirait par marquer l'humanité entière d'un
sceau fatal, si une force oppofée ne tendait,
de son côté, à ramener l'organisme au type
normal.

Cette puissance antagoniste, « continuation
du principe créateur, » a reçu le nom « d'in-
néité. »

Le secret de la callipédie consiste en grande
partie à seconder cette force occulte dans sa
lutte contre les maladies héréditaires, & d'autre
part à favoriser la transmission séminale des
aptitudes heureuses & des bonnes qualités.

Quand la maladie héréditaire dont on est
atteint est incurable & de nature à défoler l'existence de celui qui en est la victime, le devoir
commande de vivre dans le célibat.

Si, au contraire, la mauvaise santé n'est pas
incompatible avec le mariage, la meilleure
manière de corriger les dispositions morbides
héréditaires, c'est de croiser la race & le tempérament, de manière qu'il s'établisse une

pondération favorable à la conftitution de la progéniture.

« Il faut toujours, difait Portal, fi l'on veut obtenir du mariage un produit moyen, réunir le plus & le moins, le trop & le trop peu, l'excès & le défaut. »

Dans aucun cas cependant il ne faut, comme on l'a confeillé, croifer les maladies.

En agiffant ainfi on aurait la chance de tranfmettre l'une ou l'autre affection, quelque-fois toutes les deux, ou même d'engendrer une maladie plus grave que celle qu'on voudrait dé-truire.

Le mariage doit donc être confidéré fous deux chefs, comme fource & comme préfervatif des maladies héréditaires.

Sous le premier chef, il inocule à une famille des maladies auxquelles elle eft étrangère.

Sous le fecond rapport, il peut devenir un modificateur favorable en agiffant en fens op-pofé.

Il peut faire déchoir, il peut réhabiliter. Il peut éteindre, il peut rallumer.

Dans le ſens phyſiologique & ſanitaire on peut lui appliquer ce que l'antiquité diſait de l'arme d'Achille : il guérit les bleſſures qu'il a faites.

Si quelquefois un véritable affainiſſement s'opère dans une famille, on ne prend pas garde qu'il n'eſt point dû au haſard, mais à la coïncidence de mariages ſalutaires qui ont purifié le ſol organique de la famille contaminée. (Devay.)

⚜ ⚜

Ainſi, pour relever une famille de ſa déchéance héréditaire, il faut, à l'aide d'une ſélection intelligente, combiner les alliances de manière à neutraliſer, par l'oppoſition des conſtitutions & des tempéraments, les éléments d'hérédité morbide dont l'effloreſcence eſt à craindre chez l'un ou l'autre des deux époux.

Celui qui compte dans ſa parenté des épileptiques, des hyſtériques, des maniaques, etc., doit rechercher une famille où le rhythme de la vie nerveuſe ſoit calme & régulier, & dont les membres, « plutôt apathiques que doués d'une imagination brillante, se diftinguent par la folidité du jugement & la modération dans les idées. »

Un fcrofuleux devra s'unir à une perfonne d'une conftitution robufte & d'une fibre fèche.

On évitera d'allier deux individus nerveux à l'excès ou doués d'un tempérament lymphatique exagéré. Dans le premier cas on fèmerait les névrofes, dans le fecond les fcrofules.

On fe gardera bien de marier enfemble deux fujets très fanguins, & dans l'afcendance defquels exiftent des exemples de maladies organiques du cœur, d'apoplexie, de goutte, de gravelle, etc.

⁂

En faifant une fage application de ces préceptes, on arrive prefque toujours à modifier la conftitution des familles tarées ou débiles, de telle forte que l'influence héréditaire finit par s'éteindre complètement au bout de quelques générations, fi le croifement eft rigoureufement obfervé.

On a furtout des chances de réuffir quand les familles auxquelles on s'allie font vivaces, exemptes de toute diathèfe, principalement fi elles comptent beaucoup de vieillards, car la longévité eft héréditaire.

Si certaines familles font vouées à une mort précoce, d'autres, au contraire, « femblent jetées dans un moule à part pour vivre longtemps. »

Il femble que dans ces familles privilégiées « la vie, à la manière d'une horloge, foit montée pour un temps déterminé, » & qui eft fenfible-ment le même pour tous fes membres.

Ainfi, Henrich Jenkins, qui vécut 169 ans, appelé un jour en témoignage pour un fait qui s'était paffé 140 ans auparavant, comparut es-corté de fes deux fils, dont l'un avait 102 ans & l'autre 100 ans.

La famille de Thomas Parre, qui fut préfenté à Charles II à l'âge de 152 ans, comptait quatre générations marquées par des vies de 112, 113 & 124 ans. Son fils eft mort lui-même à 127 ans.

Le père de Jean Chioffich, qui eft mort en 1820 à l'âge de 117 ans, avait atteint sa 105e année. Un de fes oncles paternels avait vécu 107 ans.

16

Jean Filleul, de Boiſle, près d'Evreux, mort
en 1715 à l'âge de 108 ans, laiſſait une fille
âgée de 80 ans. Son père avait vécu 104 ans &
ſon aïeul 113.

❧

Nous terminerons en diſant quelques mots
d'une forme bizarre d'hérédité, à laquelle on a
donné le nom « d'hérédité par influence, » & qui
prend ſa ſource dans les relations des conjoints
antérieurs, de telle ſorte qu'une femme mariée
deux fois peut avoir de ſon ſecond mari des
enfants qui reſſemblent au premier tant au phyſique qu'au moral.

Une première union donne, en effet, une
direction déterminée & imprime un cachet ſpé-
cial aux produits futurs.

Une fécondation antérieure peut modifier l'organiſme maternel de manière à lui inoculer le
principe de vices organiques, de formes ſpéciales
ou d'aptitudes diverſes, que la femme tranſ-
mettra aux enfants de ſon ſecond mari.

Ce phénomène, qui n'a guère été étudié chez l'homme que depuis quelques années, avait été constaté depuis longtemps chez les animaux d'ordre supérieur.

Van Helmont & Haller ont observé que quand une jument est accouplée avec un âne & produit un mulet, ses organes reçoivent une modification telle, que si on l'accouple plus tard avec un étalon de sa race, elle peut encore donner naissance à un être dont les longues oreilles rappellent la race asine.

Meckel, Stark & Harvey ont démontré par de nombreuses expériences que la jument qui, accouplée avec un zèbre, a donné un produit zébré, peut, si elle est fécondée plus tard par un cheval, mettre au monde un animal dont la robe est rayée comme celle du premier père.

Howe raconte qu'une jument anglaise fut accouplée une seule fois avec un couagga, espèce d'âne moucheté d'Afrique, & produisit un mulet marqué de taches.

Quelques années plus tard, elle fut fécondée par des chevaux arabes & mit au monde trois poulains bruns qui tous étaient tachetés comme le couagga, avec lequel cependant elle n'avait plus eu aucun rapport depuis le premier accouplement.

Une chienne de race eſt complètement perdue quand elle a été fécondée par un chien d'eſpèce commune.

On aura beau la mettre plus tard en rapport avec un chien appartenant à ſa race ; ſes portées rappelleront toujours ſous quelque rapport l'animal de race inférieure avec lequel elle aura été accouplée.

* * *

Le ſujet qui nous occupe a ſurtout attiré dans ces derniers temps l'attention des phyſiologiſtes anglais.

Le doɕteur Simpſon rapporte qu'une jeune femme d'Edimbourg, née de parents blancs, mais dont la mère avait eu avant ſon mariage un mulâtre d'un nègre, a des traits de reffemblance très remarquables avec ce dernier.

Elle a notamment les cheveux qui font particuliers à la race nègre.

Le docteur Nott dit qu'on voit quelquefois des négreffes qui, après avoir eu des mulâtres d'un blanc, continuent de produire avec des nègres des enfants chez lefquels on retrouve les traits & la couleur du blanc.

M. Gratiolet a cité, il y a quelques années, à la Société d'anthropologie, l'hiftoire d'une femme devenue veuve d'un mari atteint de torticolis, & qui, d'un fecond mari parfaitement conformé, aurait eu un enfant difforme comme le premier mari.

L'adage : *Filius ex adultera fæpe excufat matrem a culpa,* « un fils adultérin excufe fouvent la faute de fa mère, » doit être interprété dans ce fens que le bâtard reffemble fouvent au père putatif, qui, fans lui avoir donné la vie, l'a frappé *ab ovo* d'une empreinte fpéciale.

∗∗∗

Il paraîtrait même que des relations anté-

16.

rieures, bien que demeurées ſtériles, ſuffi-
raient pour produire le phénomène dont il
s'agit.

M. Seraine raconte qu'une femme ſéparée de
ſon mari, ayant accordé ſes faveurs pendant
quelques mois à un amant blond aux yeux bleus,
ſe réconcilia un an après avec ſon époux, devint
enceinte & mit au monde un enfant blond aux
yeux bleus, quoique ſon mari, elle & ſes autres
enfants euſſent les yeux noirs & les cheveux très
foncés.

Voici un fait analogue, inédit & dont je garantis l'authenticité :

Mme X***, femme d'un officier de marine,
avait eu au Sénégal des relations intimes avec
un nègre. Aucun enfant n'était réſulté de cette
union, qui était connue de tous les amis
de M. X***.

Ce dernier étant rentré en France, ſa femme
accoucha, quinze mois après leur retour, d'un
mulâtre.

Les amis de ſon mari furent d'autant plus
frappés de cette particularité, qu'ils connaiſſaient
dans tous ſes détails le nouveau genre de vie
de Mme X***, et qu'ils ſavaient que dans leur

nouvelle réfidence elle n'avait pu avoir aucune relation avec un homme de couleur.

⚜

Faut-il, au point de vue de l'hygiène, fe garder d'époufer une veuve faine & bien conftituée, mais dont le mari, affecté de fcrofule, de phthifie pulmonaire ou d'aliénation mentale, a produit des enfants rachitiques ou idiots ?

Doit-on, au contraire, rechercher avec un empreffement calculé, celle dont l'époux, doté d'une fanté exceptionnellement vigoureufe & d'une intelligence remarquable, a engendré des enfants auffi heureufement doués que leur père ?

Ce ferait tirer une conclufion trop abfolue des faits que nous venons de fignaler.

Nous avons dû, toutefois, appeler l'attention fur une donnée phyfiologique qui, mieux étudiée, pourra un jour jeter une vive lumière fur certains points encore obfcurs de l'hiftoire des maladies héréditaires.

CHAPITRE VII

DE L'ALLAITEMENT MERCENAIRE COMME MOYEN DE RÉGÉNÉRATION

Quæ lactat mater magis quam quæ
genuit.

***

ON a beaucoup déclamé, dans ces derniers temps, contre les mères « affez barbares pour refufer à un nouveau-né le lait que lui a préparé la nature. »

On a fait valoir contre elles tous les arguments que pouvaient fournir la fenfiblerie & la fcience.

Quelques écrivains femblent regretter le temps où une Athénienne accufée d'avoir nourri l'enfant d'une autre femme, ne put échapper à une punition qu'en prouvant qu'elle y avait été contrainte par la misère.

❖ ❖

Les phyſiologiſtes auront beau déployer à l'envi l'éloquence du cœur & celle des chiffres, ils feront tout auſſi impuiſſants à remettre en honneur l'allaitement maternel que l'ont été jadis les grands ſatyriques qui flagellaient la «demi-maternité» des Romaines de la décadence.

L'hygiène, aux époques de déchéance morale, ne peut pénétrer dans certaines claſſes de la ſociété que ſous les auſpices de la fantaiſie & de la mode.

Auſſi, doutons-nous que la ſtatiſtique ait le don d'émouvoir le cœur des mères, & qu'elle puiſſe jamais amener la révolution que provoquèrent, au ſiècle dernier, les pages ſentimentales de J.-J. Rouſſeau.

❖ ❖

Au lieu de lutter contre la tendance qu'ont les femmes du monde à s'affranchir de ce qu'on a appelé le complément de la maternité, il ferait, felon nous, plus fage d'utilifer ce travers de notre époque dans l'intérêt du petit être.

L'allaitement par une mercenaire eft, en effet, s'il eft appliqué d'une manière judicieufe, un excellent moyen de modifier le tempérament vicieux d'un nouveau-né ou d'atténuer les tares héréditaires dont il peut être affecté.

On a dit avec raifon que l'allaitement était une génération continuée.

L'enfant a reçu de fa mère la trame organique ; mais fa nourrice lui donne une feconde vie, puifque c'eft elle qui lui fournit les fucs propres à fa nutrition & à fon accroiffement.

Auffi, dans la fociété antique, la nourrice occupait-elle une place d'honneur au foyer de la famille.

On connaît ce trait de la reine Blanche qui, ayant appris qu'une dame de la cour avait préfenté le fein au petit Louis pour apaifer fes cris, fe hâta de faire vomir l'enfant, ne voulant pas qu'une feule goutte de fang étranger coulât dans les veines de fon fils.

17

❧ ❧

J.-J. Rouſſeau émettait un paradoxe quand il diſait que l'enfant « ne peut pas avoir de nouveau mal à craindre du ſang dont il a été formé. »

Si une femme affectée de quelque diathèſe nourrit elle-même ſon enfant, il y a double raiſon pour que celui-ci ſoit frappé de la même maladie.

L'allaitement maternel accumule & fixe chez le nouveau-né des éléments morbides qui ſeraient atténués & pour ainſi dire dédoublés, ſi une nourrice étrangère tranſſuſait dans les organes de l'enfant une ſève plus pure & un ſang plus généreux.

❧ ❧

Une mère, par exemple, préſente tous les attributs d'un tempérament lymphatique exagéré. Elle compte dans ſa famille pluſieurs individus atteints de cette « épidémie du XIXᵉ siècle » qui s'appelle la phthiſie pulmonaire.

Une fage application de   d'échange des attributs phyfiologiques ce   ές voudrait, en pareil cas, que l'enfant fût confié à une nourrice d'une conftitution fèche, & dont la famille fût complètement pure de tout vice fcrofuleux.

Si, au contraire, on craint pour le nouveau-né le développement d'une névrofe héréditaire, on choifira pour nourrice une femme molle & apathique, chez laquelle le rythme de la vie nerveufe foit lent & régulier.

On comprend facilement la portée de ce dernier précepte quand on réfléchit à l'efpèce de folidarité qui lie le fyftème fenfitif de l'enfant à celui de la nourrice.

L'affinité fympathique entre les deux êtres eft fi grande, qu'on a fouvent vu des enfants périr dans les convulfions pour avoir pris le fein dans un moment où la nourrice était encore fous l'impreffion d'une frayeur ou d'une vive contrariété.

Nous favons que la fubftitution du lait étran-

ger au lait .mau   en ce moment frappée de
réprobation.

On s'eft ém·   quand la ftatiftique a récemment révélé que quinze mille enfants de Paris
fuccombaient chaque année victimes de l'allaitement mercenaire.

Ce réfultat eft déplorable, mais il faut moins
l'imputer à l'allaitement vénal en lui-même qu'à
l'incurie des parents, au mauvais choix des nourrices & à l'affaibliffement du fens moral dans
certaines claffes de la fociété.

Veut-on favoir comment les chofes fe paffent
généralement dans la capitale ?

Auffitôt qu'un bourgeois ou un ouvrier aifé a
reçu & embraffé fon nouveau-né, il fe hâte de
l'expédier à un bureau de nourrices.

Des agents tranfmettent l'enfant à une femme
qui l'emporte, fouvent pour en trafiquer, fi elle
trouve à le céder avec bénéfice.

Et l'on eft tout ftupéfait quand on apprend
par hafard que les villages où fe concentre cette
efpèce d'induftrie ont leurs cimetières « pavés de
petits parifiens ! »

Quant aux nourrices à domicile, l'ancienne
nobleffe paraît avoir confervé, à l'endroit de l'al-

laitement, quelques traditions qui ſauvegardent la ſanté de ſes rejetons. Mais il en eſt autrement de l'ariſtocratie des parvenus.

Cette claſſe apporte ſes habitudes de ſotte vanité juſque dans le choix des nourrices, qui ſe fait le plus ſouvent en dehors de toute conſidération médicale ou phyſiologique.

Ici on ſe préoccupe médiocrement de la moralité & des qualités ſolides de la conſtitution. On recherche avant tout des dehors agréables.

Il eſt ſurtout de bon ton d'exhiber une nourrice à coſtume pittoreſque.

❧ ❧ ❧

Pour revenir au ſujet qui nous occupe, nous penſons qu'à une époque comme la nôtre, où les conſidérations de ſanté reſtent preſque toujours étrangères à la concluſion des mariages, où l'on s'occupe peu de ſavoir ſi, avec une belle dot, l'un des époux n'apportera pas dans la communauté le germe de quelque maladie héréditaire, nous penſons, diſons-nous, que le croiſement ſecondaire dont nous venons de

17.

parler, pourrait être, dans beaucoup de cas, un correctif puissant, un artifice précieux d'hygiène perfective & de régénération.

Appliqué d'une manière intelligente, ce serait un moyen d'assainir beaucoup de familles, de combattre la fâcheuse influence de la consanguinité & de retremper dans le sang vigoureux des populations rurales la progéniture abâtardie des classes élevées & des grandes villes.

Nous reconnaissons que les bonnes nourrices font rares de nos jours; mais il en serait autrement si, comprenant mieux l'importance de leurs services, on les rétribuait avec moins de parcimonie, & si, au lieu de les traiter comme des domestiques, on les rétablissait au rang qu'elles occupaient autrefois dans l'estime & dans l'affection de la famille.

TABLE DES MATIÈRES

CHAPITRE PREMIER.

CHAPITRE II.

d'autant plus parfaits qu'elles font moins répétées. —
Exemples : Michel Montaigne et J.-J. Rouffeau. — Eft-il
vrai que les libertins deviennent les meilleurs maris ?
— Les rinçures de Louis XIV.— Réglementation de l'acte
anthropogénique par Zoroaftre, Solon, Mahomet, Haller.
— Onanifme conjugal. — Théorie de Pouchet fur l'infécondité des femmes à certaines époques de la période
inter-menftruelle. — Cohabitation pendant les règles
interdite par le Lévitique & les lois de Manou. — Opinion de faint Thomas. — Obfervations de Lalouette,
Devay, Profper Lucas. — Epoque de l'année & moment
du jour où il eft le plus convenable d'engendrer. —
Opinion d'Olympius. — Réponfe de Fontenelle. — Les
jéfuites au Paraguay. — Pages . . . . . 51 à 78

CHAPITRE III.

*De l'influence qu'exerce, pendant la groffeffe, l'état
mental de la mère fur le produit de la conception.* — Les
gynécées peuplés de ftatues. — Denys de Syracufe & le
portrait de Jafon. — Fille velue préfentée à Charles, roi
de Bohême. — L'enfant mitré de Malebranche. — Le
vigneron du docteur Liébault. — Jacques Ier d'Angleterre treffaillant à la vue des épées nues. — Envies des
femmes groffes. — Hiftoire des troupeaux de Jacob. —
Hippocrate fauvant une princeffe accufée d'adultère. —
Obfervations de MM. Bayard, Guiflain & Bonaffies. —
Van Swieten & la chenille. — Mme .... & le chien noir.
— L'enfant de Mlle .... & le radis. — L'enfant à tête de
lapin. — Difformités des mains. — Influence de l'impref-

fion maternelle fur plufieurs groffeffes succeffives. —
Influence de cette impreffion chez les animaux. — Influence de l'état moral de la nourrice fur le nourriffon.
— Rapports intimes entre les organes de la génération
& l'imagination. — Précautions à prendre pendant la
groffeffe pour empêcher les léfions qui peuvent fe produire fous l'influence de l'imagination maternelle. —

CHAPITRE IV.

*Des précautions à prendre, pendant la groffeffe, dans
l'intérêt de l'enfant.* — Des plaifirs vénériens pendant la
groffeffe. — Expreffions de Julie, fille d'Auguste. —
Opinion de Montaigne. — Cornélie & Zénobie. — Péna-
lité en vigueur chez les Calmouks. — L'homme, à cet
égard, moins raifonnable que les bêtes. — Antipathie
réciproque chez les deux fexes après la conception. —
Exemples : la biche, le finge, la jument, la chatte fauvage, l'éléphant, l'araignée, la cantharide, etc. — Opinion de Dionis, de Zimmermann & de Levret. — Nécef-
fité pour la femme enceinte de refpirer un air pur &
falubre. — Les gaz délétères & les émanations putrides
ou paludéennes dangereufes pour l'enfant. — Maladies
contagieufes. — Exercice utile à la femme enceinte. —
Elle doit feulement éviter les mouvements violents. —
On produit des monftruofités chez les oifeaux en fe-
couant de temps en temps les œufs pendant l'incubation. — Jeanne d'Albret. — Loi de Lycurgue qui pref-
crivait à la femme de porter de larges vêtements. —
Abus du corfet. — Alimentation de la femme pendant la

groſſeſſe. — L'eſtomac, organe capricieux, ſurtout chez les femmes enceintes. — Aberration du goût pendant la geſtation. — Dangers de l'abus des liqueurs alcooliques pendant la groſſeſſe. — L'état de groſſeſſe met la femme dans des conditions mentales toutes particulières. — Chez les anciens, la femme enceinte était l'objet d'une protection ſpéciale, & même d'une eſpèce de culte. — Genre de vie qui convient à une femme enceinte. — Pages . . . . 109 à 131

CHAPITRE V.

Des dangers de la conſanguinité matrimoniale. — Le ſang a horreur de lui-même dans le rapport des ſexes. — Le défaut de renouvellement du ſang eſt pour les familles nobles une cauſe d'abâtardiſſement & d'extinction. — C'eſt l'origine des cagots, des vaqueros & des coliberts. — Les races d'animaux ſoi-diſant perfectionnés par la conſanguinité ſont des races dégradées. — Une imperfection organique dans la production de laquelle la conſanguinité intervient de la manière la plus évidente, c'eſt la ſurdi-mutité. — L'albiniſme chez l'homme & chez les animaux. — La polydactlyie. — La conſanguinité ne concentre pas ſeulement les maladies héréditaires. — Elle produit des maladies inconnues dans la famille. — Pages . . . . 133 à 150

CHAPITRE VI.

De l'hérédité morbide & phyſiologique. — Beaucoup d'individus périſſent victimes d'un péché originel dont l'hygiène ne ſaurait opérer la rédemption. — De l'épi-

CHAPITRE VII.

ACHEVÉ D'IMPRIMER

SUR LES PRESSES DE

DARANTIÈRE, IMPRIMEUR A DIJON

le 30 septembre 1880

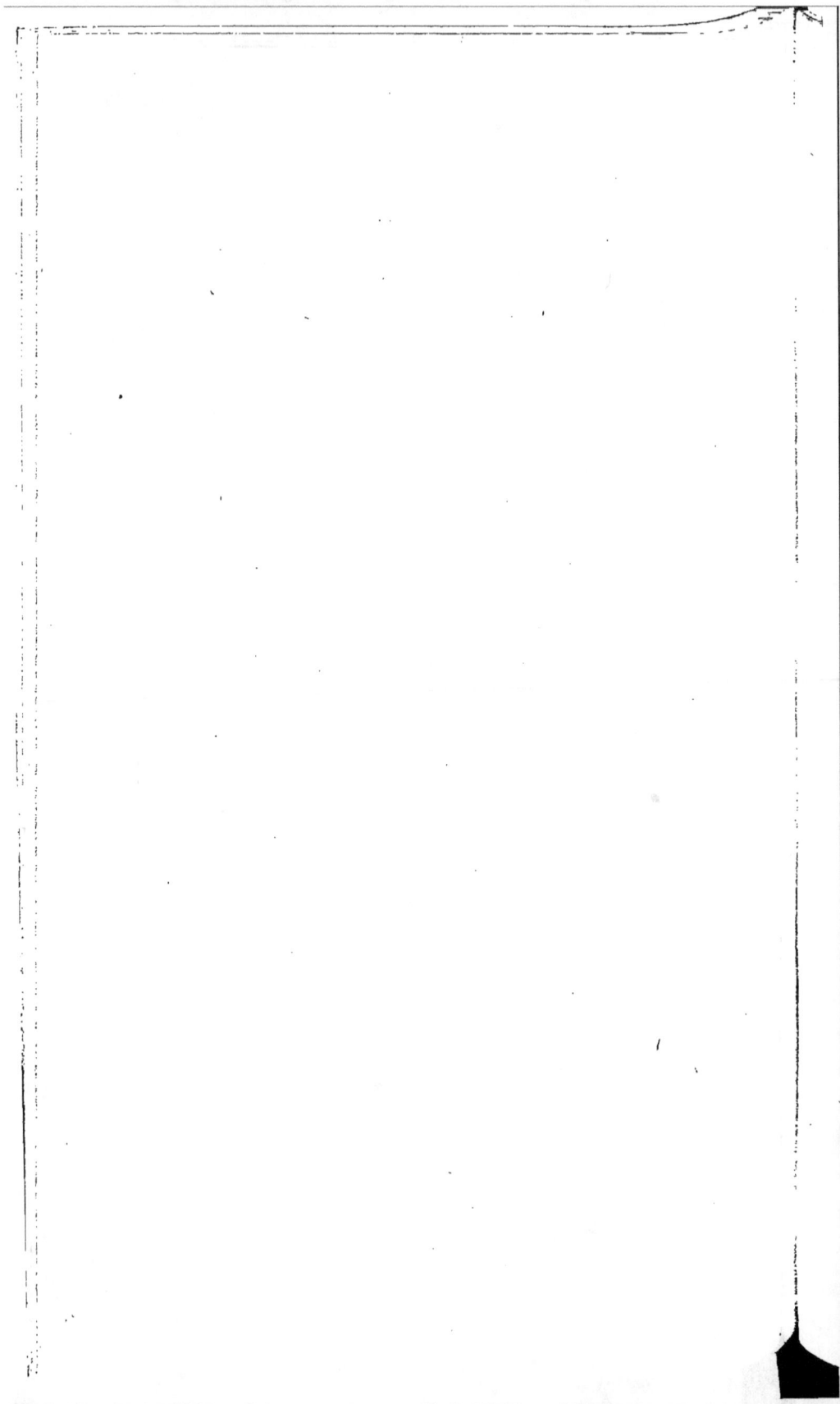

18

PUBLICATIONS BIBLIOGRAPHIQUES

ET ÉDITIONS D'AMATEURS

VIENT DE PARAITRE :

LA SOCIÉTÉ GALANTE

ET LITTÉRAIRE

AU XVIIIᵉ SIÈCLE

Par Honoré BONHOMME

LE CHEVALIER DE BOUFFLERS ET MADAME DE SABRAN. — SAINT-LAMBERT ET FONTANES. — LE COMTE DE LAURAGUAIS ET SOPHIE ARNOULD. — LE CHEVALIER DE RESSÉGUIER ET LA MARQUISE DE POMPADOUR.

Un magnifique volume in-8° écu (VII et 258 pages) nombreux fleurons, lettres ornées et culs-de-lampe gravés sur des documents de l'époque, titre rouge et noir, couverture repliée. — Frontispice à l'eau-forte, en-tête et culs-de-lampe gravés par de MALVAL, imprimés *dans* le texte selon les véritables règles de l'art typographique.

500	exemplaires sur papier vergé de Hollande à la forme				10 fr.
50	—	—	Whatman Turkey-Mill		20
20	—	—	teinté de Renage		20
15	—	—	de Chine véritable		25
12	—	—	du Japon		40
3	—	sur peau de vélin			80

Avis concernant les exemplaires de luxe.

Une imposition nouvelle, SPÉCIALE aux exemplaires tirés sur papier de choix, fait de ces exemplaires de véritables grands papiers, c'est-à-dire que la marge du fond est en rapport avec les marges extérieures. En outre, ces exemplaires de luxe ont trois états de chaque eau-forte avant la lettre.

— 4 —

EN COURS DE PUBLICATION :

TREIZIÈME ANNÉE (1880)

L'INTERMÉDIAIRE

DES CHERCHEURS ET CURIEUX

NOTES and QUERIES français. CORRESPONDANCE littéraire

QUESTIONS ET RÉPONSES, JOURNAL DE TOUS PAR TOUS

A L'USAGE DES LITTÉRATEURS ET GENS DU MONDE, ARTISTES
BIBLIOPHILES, ARCHÉOLOGUES, ETC.

PUBLICATION BI-MENSUELLE

Abonnement, un an, France, 12 fr. Étranger 15 fr.

☞ Les Abonnements sont pris *pour l'année* 1880 *seulement*
de Août à Décembre 1880. France : 5 fr.; Étranger : 6 fr. 25.

L'Intermédiaire des Chercheurs et Curieux est une tribune
ouverte à quiconque a une *question* à poser, une *solution* à fournir, un renseignement utile ou curieux à enregistrer, en matière
d'histoire, de biographie, de bibliographie, d'art, d'archéologie,
etc., etc.

Le système, aussi simple qu'ingénieux, sur lequel repose son
organisation, consiste en ce que chacun expédie au directeur des
questions sur lesquelles il désirerait être édifié ; qu'il s'agisse, soit
de recherches sur la linguistique ou de détails sur les patois, soit
d'ouvrages oubliés, anonymes, apocryphes, désavoués par leurs
auteurs ou faussement attribués à d'autres, soit d'éditions ou
d'exemplaires de livres rares, curieux ou singuliers, soit de recherches historiques ou nobiliaires, soit encore de discussions sur des
tableaux ou des gravures, dont l'origine est incertaine, etc., etc.

Ces questions sont scrupuleusement publiées à leur tour et
soumises ainsi à l'appréciation de tous; des réponses y sont de-
mandées, et elles arrivent infailliblement, tôt ou tard, quelquefois
nombreuses, quelquefois contradictoires, mais toujours savantes,
spirituelles et gaies à l'occasion, de cette manière, ce que l'un
chercherait en vain, les autres le trouvent pour lui et tout le
monde en profite; c'est de la science en commandite.

Un nombre considérable de questions profitables et curieuses
ont déjà été posées et ont reçu une solution souvent inattendue.

Par suite de la publication de *L'Intermédiaire des Chercheurs
et Curieux*, un rapprochement est opéré entre un grand nombre
de personnes séparées par la distance, inconnues l'une à l'autre.
Les communications qui en résultent, en leur faisant connaître ce

en quoi elles peuvent *s'entr'aider*, forment un trésor d'informations, résultat infaillible de cet appel incessant fait à des recherches collectives.

Un numéro spécimen est adressé gratis et franco à toute personne qui en fera la demande

EN COURS DE PUBLICATION :

TROISIÈME ANNÉE (1880)

MISCELLANÉES BIBLIOGRAPHIQUES

PUBLICATION MENSUELLE

ABONNEMENT : UN AN, 6 FRANCS

Chaque année des MISCELLANÉES BIBLIOGRAPHIQUES forme un beau volume in-8, imprimé avec luxe sur papier vergé teinté, et terminé par une table alphabétique des noms d'auteurs cités et des matières qui, en même temps que la couverture et le titre (imprimés en rouge et en noir), est adressée gratuitement à tous nos abonnés.

LES NUMÉROS 25, 26, 27, 28, 29, 30, 31, 32 ET 33 DES

MISCELLANÉES BIBLIOGRAPHIQUES

Qui viennent de paraître contiennent :

Quelques noms de relieurs peu connus, par Jean Poche. — *L'Esprit du temps jadis*, par A. Piedagnel. — *L'abbé Rive et ses travaux bibliographiques et littéraires*, par le bibliophile Job. — *Un Editeur romantique en 1830*, par Ad. Julien. — *La Bibliographie des fous*, par G. Mouravit. — *Le duc de La. Vallière, ses ventes et ses collections*, par Jean Poche. — *Petits formats précurseurs de la collection Cazin*, par A. Corroënne, etc.

MISCELLANÉES BIBLIOGRAPHIQUES, publiés par Édouard Rouveyre et Octave Uzanne, avec la collaboration de MM. Louis de Backer, Prosper Blanchemain, Gustave Brunet, Champfleury, L. Dérôme, Fernand Drujon, René Kerviler, Léon de Labessade, Paul Lacroix, Jules Le Petit, Charles de Lovenjoul, Louis Mohr, Gustave Mouravit, Alexandre Piedagnel, Louis Vian, le bibliophile Job, etc. Paris, 1878, un beau vol. in-8 de plus de 200 pages, couverture et titre rouge et noir, papier vergé teinté.   7,50

18.

MISCELLANÉES BIBLIOGRAPHIQUES, publiés par Édouard Rouveyre et Octave Uzanne, avec la collaboration de MM. Louis de Backer, Prosper Blanchemain, Gustave Brunet, Champfleury, L. Dérôme, Fernand Drujon, René Kerviler, Léon de Labessade, Paul Lacroix, Jules Le Petit, Charles de Lovenjoul, Louis Mohr, Gustave Mouravit, Alexandre Piedagnel, Louis Vian, le bibliophile Job, etc. Paris, 1879, un beau vol. in-8 de plus de 200 pages, couverture et titre rouge et noir, papier vergé teinté.   7,50

EN COURS DE PUBLICATION

PETITS CHEFS-D'ŒUVRE

DU XVIIIᵉ SIÈCLE

Réimpression à *six cents exemplaires, tous numérotés à la presse*, des plus gracieux ouvrages du XVIIIᵉ siècle. — Collection complète en dix volumes, et qui ne sera pas réimprimée. Chaque ouvrage forme un volume in-8 carré, imprimé avec grand luxe et en caractères neufs.

520 exempl. sur papier Seychall-Mill . . .	81 à 600	25 fr.
50 — papier Whatman	31 à 80	50 fr.
20 — papier de Chine.	11 à 30	70 fr.
10 — papier du Japon des Manufactures impériales. . .	1 à 10	80 fr.

Les exemplaires imprimés sur papier du Japon, papier de Chine et Whatman, ont les épreuves des gravures avant lettres imprimées sur leurs papiers respectifs et tirées en bistre et au crayon sanguine (genre Boucher).

1º *Les Quatre Heures de la Toilette des Dames*, poème dédié à son Altesse sérénissime, la princesse de Lamballe, par de Favre. — Réimpression sur l'édition de Paris, 1779. — Ouvrage orné d'un frontispice, d'une vignette d'en-tête, de quatre figures et de quatre culs-de-lampe, par Leclère, gravés par Arrivet, Halbou, Legrand, Leroy et Patas.

2º *Le Tableau de la Volupté ou les Quatre Parties du Jour*, poème en vers, par M. D. B. (du Buisson). — Réimpression sur l'édition de Paris, 1771. — Ouvrage orné d'un frontispice, de quatre figures, de quatre vignettes et de quatre culs-de-lampe, par Eisen, gravés par de Longueil.

3º *La Journée de l'Amour ou Heures de Cythère*, par Favart, Boufflers, Voisenon.— Réimpression sur l'édition de Paris, 1776.

— Ouvrage orné de quatre figures et de huit culs-de-lampe, dessinés par Taunay, et gravés par E. Magret, O. Michel et N. Pruneau.

4° *Zélis au Bain*, poème en quatre chants, par le marquis de Pezay. — Réimpression sur l'édition de Genève (sans date). — Ouvrage orné d'un titre par Eisen, gravé par Lemire: quatre figures, quatre vignettes et quatre culs-de-lampe, par Eisen, gravés par Alliamet, Lafosse, Lemire et Longueil.

5° *Les Baisers*, procédés du mois de mai, poème par Dorat. — Réimpression sur l'édition de Paris, Lambert et Delalain, 1770. Ouvrage orné de une figure, par Eisen, gravé par Longueil, vingt-trois vignettes, un fleuron sur le titre et vingt-deux culs-de-lampe, par Eisen et Marillier, qui a fait deux culs-de-lampe, gravés par Alliamet, Baquoy, Binet, Delaunay, Lingée, de Longueil, Mosquelier, Massard, Née et Ponce.

6° *Le Temple de Gnide*, par Montesquieu. — Avec figures gravées par Le Mire, d'après le dessin de M. Eisen. — Réimpression sur l'édition de Paris, chez Le Mire, graveur, 1772. — Titre gravé, et neuf très belles figures, dont deux pour Céphise et l'Amour.

Pour les N° 5 *et* 6. Les Baisers et le Temple de Gnide, *les prix sont augmentés de 20 %, sur ceux indiqués ci-dessus.*

NOUVELLE ACQUISITION :

VOYAGES

PITTORESQUES ET ROMANTIQUES

DANS L'ANCIENNE FRANCE

Par MM. Ch. NODIER, J. TAYLOR et Alph. de CAILLEUX

Provinces à vendre séparément et dont nous ne possédons que peu d'exemplaires

PROVINCES	DATE de la publication	Livraison	Planches	VOLUMES	PRIX de publication	PRIX actuel	
Auvergne . .	1829 à 1833	65	207	2	812 »	300 fr.	
Languedoc .	1831	146	477	4	1825 »	600 —	REMISE ORDINAIRE
Picardie . .	1836	205	453	3	2562 50	600 —	
Bretagne . .	1836	95	348	2	1187 50	450 —	
Dauphiné . .	1836	60	180	1	750 50	300 —	
Champagne,	1856	145	413	3	1437 50	600 —	
Bourgogne .	1863	45	180	1	562 50	300 —	

Nous possédons en outre le *tome 3 de la Normandie*, qui n'a été acquis que pour un petit nombre d'exemplaires. Le prix de ce tome 3 est fixé à 150 fr.

CONNAISSANCES NÉCESSAIRES A UN BIBLIOPHILE
Par EDOUARD ROUVEYRE.

PREMIÈRE PARTIE.

Établissement d'une bibliothèque. — Conservation et entretien des livres. — De leur format et de leur reliure. — Moyens de les préserver des insectes. — Des souscriptions et de la date. — De la collation des livres. — Des signes distinctifs des anciennes éditions. — Des abréviations usitées dans les Catalogues pour indiquer les conditions. — De la connaissance et de l'amour des livres. — De leurs divers degrés de rareté. — Moyens de détacher, de laver et d'encoller les livres. — Procédés divers pour l'arrangement et la restauration des estampes et des livres. — Du dédoublage et du raccommodage des estampes. — Réparation de la dorure des anciennes reliures et de celle des manuscrits. — Réparations des piqûres de vers, des déchirures et des cassures dans le parchemin et dans le papier. — Procédé pour renouveler une estampe et la transporter d'une feuille sur une autre. — Moyen de rendre la fraîcheur aux estampes, suivant le Père Orlandi. — *Troisième édition*, revue, corrigée et augmentée. — Un magnifique volume in-8 couronne de 200 pages, imprimé sur papier vergé, nombreux fleurons typographiques, lettres ornées et culs-de-lampe imprimés en couleur, titre rouge et noir.   5 fr.

Justification des tirages de luxe.

4 exemplaires imprimés sur parchemin, numérotés de 1 à 4 . . . . 80 fr.

6 exemplaires imprimés sur papier du Japon, numérotés de 5 à 10 . . . . 40 fr.

10 exemplaires imprimés sur papier de Chine, numérotés de 11 à 20 . . . . 25 fr.

30 exemplaires imprimés sur papier Whatman, numérotés de 21 à 50 . . . . 12 fr.

Tirage imprimé en couleur.

Fleurons, lettres ornées et culs-de-lampe en rouge minéral. Texte en bleu flore. 50 exemplaires imprimés sur papier Whatman, numérotés de 51 à 100 . . . . 25 fr.

Ouvrage accompagné de 4 planches (19 impositions de divers formats), de cinq spécimens de papier (Japon, Chine, Whatman, Vergé, Vergé teinté, de 3 planches de reliure (dont une double, donnant la reproduction d'une magnifique reliure rongée par les dermestes).

☞ SECONDE PARTIE ☜

DES

CONNAISSANCES NÉCESSAIRES

A

UN BIBLIOPHILE

PAR

ÉDOUARD ROUVEYRE

TROISIÈME ÉDITION, REVUE, CORRIGÉE ET AUGMENTÉE

Un beau volume in-8° écu, imprimé sur papier vergé de Hollande, titre rouge minéral et noir, couverture parchemin repliée, fleurons, lettres ornées et culs-de-lampe imprimés en rouge minéral. . **5 fr.**

Cette **SECONDE PARTIE** contient : De la classification systématique des livres. — De la classification des autographes, des gravures et des manuscrits. — Des catalogues de livres. — Du classement alphabétique ; Règles générales pour l'indication du lieu d'impression, du nom de l'imprimeur, de l'éditeur et de la date sur les copies des titres ; Observations à mettre dans les Catalogues ; Classement des copies des titres par ordre alphabétique ; Conservation du catalogue alphabétique ; Du catalogue systématique, etc.

Justification des tirages de luxe.

4 6 exemplaires imprimés sur parchemin			80 fr.
10 —	—	papier du Japon.	40 »
30 —	—	papier de Chine.	25 »
—	—	papier Whatman	12 »

Tirage imprimé en couleur.

Fleurons, lettres ornées et culs-de-lampes en rouge minéral. Texte en bleu flore. 50 exemplaires imprimés sur papier Wathman. . . . . 25 fr.

Les exemplaires de cette SECONDE PARTIE, *imprimés sur papier de luxe,* ne seront livrés qu'aux acquéreurs *des papiers de luxe* de la première partie.

DE L'AMEUBLEMENT ET DE LA DÉCORATION INTÉRIEURE DE NOS APPARTEMENTS

Conférence faite à l'Union centrale des beaux-arts appliqués à l'industrie par E. Guichard, architecte décorateur, ancien président de cette société. In-8° écu imprimé sur papier vergé, couverture parchemin replié. **3 fr.**

Il a été fait un tirage de luxe à 60 exemplaires, tous numérotés.

2 Exemp. imp. sur parchemin			N° 1 à 2	**40** fr.
6 — —	papier du Japon		3 à 8	**20** »
10 — —	— de Chine		9 à 18	**12** »
12 — —	— teinté de Renage		19 à 30	**8** »
30 — —	Seychall Mill		31 à 60	**6** »

HISTOIRE DE L'ORNEMENTATION DES MANUSCRITS.

Par Ferdinand Denis, conservateur-administrateur à la Bibliothèque Sainte-Geneviève. — Beau volume in-8° jésus, imprimé avec grand soin, par Louis Perrin, brochure de luxe, couverture en parchemin. **15 fr.**

MÉMOIRES DU DUC DE LAUZUN

Edition complète précédée d'une étude sur Lauzun et ses mémoires, par Georges d'Heylli. 1 magnifique volume in-8° écu (XLVIII et 264 pages) nombreux fleurons, lettres ornées et culs-de-lampe gravés sur des documents de l'époque, titre rouge et noir, couverture repliée. — Frontispice à l'eau forte, en tête et culs-de-lampe gravés par de Malval, imprimés dans le texte selon les véritables règles de l'art typographique. L'impression de ces trois eaux-fortes a été confié à A. Salmon.

500 exempl. sur papier vergé de Hollande à la forme.				**10** fr.
50 — —	Whatman Turkey-Mill			20 »
20 — —	teinté de Renage			20 »
15 — —	de Chine véritable			25 »
12 — —	du Japon			40 »
3 — sur peau de vélin				80 »

Avis concernant les exemplaires de luxe

Une imposition nouvelle, *spéciale* aux exemplaires tirés sur papier de choix, fait de ces exemplaires de véritables grands papiers, c'est-à-dire que la marge du fond est en rapport avec les marges extérieures. En outre, ces exemplaires de luxe ont trois états de chaque eau-forte avant la lettre.

LA COMÉDIE ET LA GALANTERIE AU XVIIIᵉ SIÈCLE·

Par Adolphe. Jullien. Un magnifique volume in-8° écu, nombreux fleurons, lettres ornées et culs-de-lampe gravés sur des documents de l'époque, titre rouge et noir, couverture repliée.

Frontispice à l'eau forte *en trois couleurs,* gravé par M. L. Rouveyre, en-tête et culs-de-lampe par de Malval, imprimés dans le texte selon les véritables règles de l'art typographique.

L'impression de ces trois eaux-fortes a été confiée à A. Salmon.

500 exemp. sur papier vergé de Hollande à la forme...			10 fr.	
50	—	— Whatman Turkey-Mill.........	20	»
20	—	— teinté de Renage.............	20	»
15	—	— de Chine véritable...........	25	»
12	—	— du Japon...................	40	»
3	—	sur peau de vélin......	80	»

Avis concernant les exemplaires de luxe. L'éditeur n'a pas reculé devant les frais d'une imposition nouvelle, *spéciale* aux exemplaires imprimés sur papier de choix, voulant que ces exemplaires soient de véritables grands papiers, c'est-à-dire que la marge du fond soit en rapport avec les marges extérieures. En outre, ces exemplaires de luxe ont trois états de chaque eau-forte, avant la lettre.

LES RUELLES DU XVIIIᵉ SIÈCLE

Par Léon de Labessade, lettre-préface par Alexandre Dumas fils, de l'Académie française, eaux-fortes par Mongin. Deux beaux volumes. in-8 couronne, d'ensemble XXII et 566 pages, imprimés avec luxe, titres rouge et noir, couvertures, fleurons et culs-de-lampe gravés d'après les documents de l'époque, fac-simile de la signature de l'auteur et de celle de Alexandre Dumas fils.—Tirage à 600 exemplaires numérotés.

Les prix sont pour l'ouvrage complet.

500 exemp. sur papier vergé de Hollande à la forme.			20 fr.	
50	—	— Whatman Turkey-Mill.	40	»
20	—	— de couleurs.	40	»
15	—	— de Chine véritable.	50	»
12	—	— du Japon.	75	»
3	—	sur peau de vélin.	150	»

Avis concernant les exemplaires de luxe. — Nous n'avons pas reculé devant les frais d'une imposition nouvelle, spéciale aux exemplaires imprimés sur papier de choix, voulant que ces exemplaires soient de véritables grands papiers, c'est-à-dire que la marge du fond soit en rapport avec les marges extérieures. En outre, ces exemplaires de luxe ont trois états de chaque eau-forte, avant la lettre, en noir, en sanguine et en bistre.

L'OPÉRA SECRET AU XVIIIe SIÈCLE. Aventures et intrigues secrètes racontées d'après les papiers *inédits* conservés aux archives de l'Opéra, par Adolphe Julien. — Un magnifique volume in-8 écu (VII et 258 pages) nombreux fleurons, lettres ornées et culs-de-lampe gravés sur des documents de l'époque, titre rouge et noir, couverture repliée. — Frontispice à l'eau-forte, en-tête et culs-de-lampe gravés par de MALVAL, imprimés dans le texte, suivant les véritables règles de l'art typographique.

500 exempl. sur papier vergé de Hollande à la forme.			10 fr.
50	— —	Whatman Turkey-Mill	20 fr.
20	— —	teinté de Renage.	20 fr.
15	— —	de Chine véritable.	25 fr.
12	— —	du Japon	40 fr.
5	— sur peau de vélin.		80 fr.

Avis concernant les exemplaires de luxe.

Une imposition nouvelle, spéciale aux exemplaires tirés sur papier de choix, fait de ces exemplaires de véritables grands papiers, c'est-à-dire que la marge du fond est en rapport avec les marges extérieures. En outre, ces exemplaires de luxe ont trois états de chaque eau-forte avant la lettre.

LES TAPISSERIES FRANÇAISES

Par le baron de Boyer de Sainte-Suzanne. Un beau volume petit in-4 (346 pages), imprimé avec luxe sur papier vergé de Hollande.   10 fr.

Tiré à 200 exemplaires tous numérotés. Introduction.

LES TAPISSERIES D'ARRAS

Étude artistique et historique, par M. le chanoine E. Van Drival. In-8 (196 pages).   6 fr.

LE LUXE DES LIVRES

Par L. Derome. un magnifique volume in-12, imprimé sur papier vergé de Hollande, ornements typographiques, culs-de-lampe et lettres, en vert.   5 fr.

Il a été tiré 100 exemplaires, imprimés sur papier de luxe et numerotés de 1 à 100.

4 exemplaires imprimés sur parchemin. . .			80 fr.
6	—	— sur papier du Japon	40 fr.
10	—	— — de Chine.	25 fr.
30	—	— — Wathman.	12 fr.

TIRAGE IMPRIMÉ EN DEUX COULEURS.

(Texte en vert.)

50 exemplaires imprimés sur papier Wathman.   25 fr.

TRAITÉ COMPLET DE LA SCIENCE DU BLASON

A l'usage des bibliophiles, archéologues, amateurs d'objets d'art et de curiosité, numismates, archivistes, artistes, etc., par Jouffroy d'Eschavannes.

Ouvrage accompagné de nombreux blasons finement gravés sur bois.

Un beau volume in-8 écu de 265 pages, titre rouge et noir, imprimé avec luxe, orné de plus de TROIS CENTS BLASONS, spécialement dessinés et finement gravés pour cet ouvrage.

Exemplaire imprimé sur papier vergé . . . . 6 fr.

CATALOGUE DES OUVRAGES, ÉCRITS
ET DESSINS DE TOUTE NATURE, POURSUIVIS,
SUPPRIMÉS OU CONDAMNÉS

Depuis le 21 octobre 1814 jusqu'au 31 juillet 1877, édition entièrement nouvelle, considérablement augmentée, suivie de la table des noms d'auteurs et d'éditeurs et accompagnée de notes bibliographiques et analytiques, par Fernand Drujon, un fort et beau volume in-8, de 450 pages, imprimé sur papier vélin, titre rouge et noir, fleurons, lettres ornées, etc.   10 »

Il a été tiré 50 exemplaires sur fort papier vélin, numérotés de 1 à 50.   25 »

DESCRIPTIONS DES COLLECTIONS
DE SCEAUX MATRICES

De M. Dongé, par P. Charvet. — Un magnifique volume grand in-8 (XXXI et 357 pages) imprimé avec luxe sur papier vergé de Hollande et orné de nombreuses figures et planches finement gravées. (Tirage à petit nombre.) . . . . . . 30 fr.

Cet ouvrage donne la description de *six cent trente-huit pièces* comprenant ces collections ; et, chaque description est accompagnée de notes historiques. Une table alphabétique de 1,500 noms environ, noms de lieux et de personnes *inscrits* sur les sceaux, termine ce travail. *Cinq cent vingt-huit pièces sont françaises ;* il y a là un grand nombre de renseignements précieux dans l'histoire des anciennes provinces et villes de France, renseignements d'autant plus précieux que la plupart de ces pièces sont de la plus insigne rareté.

19

DE LA POTERIE GAULOISE

Etude sur la collection Charvet, par Henri de Clouzon, deuxième édition. — Paris 1880. — Un beau volume grand in-8° . . . . **12** fr.

RECHERCHES BIBLIOGRAPHIQUES sur des livres rares et curieux, par P.-L. Jacob, bibliophile. — Le disciple de Pantagruel. — Les grandes chroniques de Gargantua. — Recherches sur la fleur des antiquités de Paris de Gilles Corrozet. — Les éditions de François Juste, libraire et imprimeur à Lyon. — Recherches sur les livres français imprimés à Strasbourg au XVIe siècle. — Essai d'une bibliographie de livres français perdus ou peu connus. — Notice sur des livres rares et curieux des XIe, XVIe et XVIIe siècles.

Beau volume in-8 écu, imprimé à six cents exemplaires
numérotés

550 exemplaires	papier de Hollande vergé à la forme	(Nos 51 à 600).	12 fr.
26 —	Seychall-Mill	(Nos 25 à 52).	20 fr.
12 —	papier teinté de Renage	(Nos 13 à 24).	20 fr.
6 —	papier de Chine	(Nos 7 à 12).	30 fr.
4 —	papier du Japon	(Nos 3 à 6).	40 fr.
2 —	parchemin	(Nos 1 et 2).	80 fr.

L'ART DE VIVRE LONGTEMPS, par le docteur L. Noirot. — Un beau volume in-18 jésus (334 pages), imprimé par Darantière, sur papier vergé teinté, titre rouge et noir, couverture repliée. . . . . 5 fr.

Sans partager les illusions du célèbre docteur Roger Bacon, il faut reconnaître que le chiffre de notre vie est loin de répondre à la durée normale de l'existence chez l'espèce humaine. En fait de longévité, nous nous arrêtons à moitié chemin. Ce qui le prouve, c'est l'accroissement de vie moyenne qui s'est produit ces derniers temps sous l'influence d'une *application plus générale et mieux raisonnée* des principes de l'hygiène.

L'hygiène nous apprend à vivre toute notre vie. La vie, par elle-même, n'est pas courte, disait Sénèque : c'est nous qui l'abrégeons : *Non accepimus brevem vitam, sed facimus.*

Par sa clarté, par les préceptes qui y sont contenus, par les exemples qui y sont donnés, par son incontestable utilité, le travail du docteur Noirot a sa place marquée dans toutes les bibliothèques publiques et particulières. L'analyse de *l'Art de vivre longtemps* serait par trop longue pour être placée ici. Nous nous bornons à n'en donner que la table des matières :

Préambule. — I. Histoire de la longévité. — II. Sur les procédés de rajeunissement artificiel. — III. De la durée normale de la vie dans l'espèce humaine. — IV. Des conditions individuelles

favorables à la longévité. — V. De l'air comme aliment de la vie.
— VI. De la lumière et du calorique comme excitants de la vie.—
VII. De la sobriété et de l'hygiène de la digestion. — VIII. Des
boissons. — IX. De l'exercice. — X. Du sommeil. — XI. Des cli-
mats et des localités. — XII. Du soin de la peau. — XIII de la
continence et du mariage. — XIV. De l'état moral. — Du genre
de vie.

LE DIRECTOIRE

CHRONIQUE INDISCRÈTE — ANECDOTES SECRÈTES — GAZETTE PARISIENNE

PORTEFEUILLE D'UN INCROYABLE

Publié par Roger de Parnes, avec préface, note et index
par Georges d'Heylli

Un beau volume in-8 carré, tirage à petit nombre sur papier
vergé de Hollande à la forme, titre rouge et noir, couverture
imprimée en six couleurs . . . . épuisé
Cet ouvrage est orné, 1º d'un frontispice et deux planches gravées à l'eau forte par M. L. Rouveyre, d'un en-tête gravé à l'eau-
forte par de Malval ; 2º de quatre en-têtes de pages, de quatre
lettres ornées et de quatre culs-de-lampe finement gravés sur
bois d'après les compositions et dessins de J. Le Natur, par Puy-
plat et Prunaire.
Tirage de luxe numéroté avec épreuves des eaux-fortes avant
lettres, tirées en bistre sur le papier respectif des exemplaires.

Cinquante exemplaires sur Seychal-Mill . . . . . . épuisé
Vingt   —   — papier violet de Renage. —
Dix   —   — papier de Chine . . . . . —
Cinq   —   — papier du Japon des ma-
                    nufactures impériales . —

**TRAITÉ DE DÉCORATION SUR PORCELAINE
ET FAIENCE**, précédé d'une notice historique sur l'art céra-
mique par A. Chauvigné, fils, in-18. . . . . 2 fr. 50

ANNUAIRE DE LA PAPETERIE LATINE, conte-
nant les adresses et renseignements sur toutes les Usines de la
papeterie de : *France et Colonies, Alsace-Lorraine, Belgique,
Suisse française, romnde et italienne, Italie, Malte. Tyrol
et frontières italiennes, Albanie, Illyrie, Roumanie, Espagne
et Colonies, Portugal et Colonies, Amérique du Sud,* ainsi
que celle des fabricants de pâte de paille, de bois, et marchands
de papiers en gros, chiffons, etc. Beau volume in-8 . . . . 6 fr.

LE PETIT FORMAT A FIGURES, collection parisienne in-18. (Vraie collection de Cazin) par A. Corroënne, in-32, papier vergé . . . . 7 fr. 50

INDEX LIBRORUM PROHIBITORUM. Pisanus Fraxi (pseud.), being notes bio- biblio-, inconographical and critical on Curious, and Uncommon books. London, privately printed, 1877. 4º. With 4 plates. 620 pp. of which the index etc. occupies 78 pp. Elégantly printed, hf. morocco, top edge gilt, uncut . . . 125 fr.
The grandest work of this kind published in Europe. Issue : 250 copies.

CENTURIA LIBRORUM ABSCONDITORUM, (pseud). being notes bio- biblio-, inconographical and critical, on Curious and Uncommun Books. London privately printed, 1879. 4º. hf. morocco, top edge gilt, uncut. Issue : 250 copies. 589 pp. with frontispiece and 8 facsimiles . . . . 125 fr.
This work is a sequel to the « Index librorum prohibitorum. »

LE CALENDRIER DE VÉNUS
PAR OCTAVE UZANNE

Avec une couverture illustrée imprimée en 4 couleurs par Darantière, composée spécialement par DANIEL VIERGE, *et un frontispice à l'eau-forte par* MARIUS PERRET.

Un beau volume in-8 couronne, imprimé sur papier vergé, orné de nombreux fleurons, culs-de-lampe et lettres ornées *tirées en couleur.*

IL A ÉTÉ FAIT UN TIRAGE DE LUXE A 100 EXEMPLAIRES TOUS NUMÉROTÉS

				Numéros.	
3 exemplaires imprimés sur parchemin			1	à	3
12	—	—	papier du Japon . .	4	à	15
15	—	—	papier de Chine . .	16	à	30
20	—	—	pap.teinté de Renage	31	à	50
50	—	—	papier Whatman . .	31	à	100

Epreuves du frontispice avant la lettre.

EN NOIR

Whatman . . .   fr. — Chine . . .   fr. — Japon . . .   fr.

EN SANGUINE OU EN BISTRE

Whatman . . .   fr. — Chine . . .   fr. — Japon . . .   fr.

Pour la couverture:
DESSIN DE VIERGE
Epreuve imprimée en Bistre, sur Chine volant.

ARMORIAL DU BIBLIOPHILE

Par M. Joannis Guigard. Ouvrage orné d'environ 1500 figures gravées dans le texte. L'ouvrage entier forme deux tomes en un volume grand in-8°.   24 fr.

Tout collectionneur, tout ami des livres, homme du monde, savant, libraire ou bibliothécaire, devra posséder cette œuvre, qui répond au mouvement toujours croissant de la bibliophilie parmi ceux que ne laissent point indifférents les hautes manifestations de l'esprit.

LES AMATEURS DE VIEUX LIVRES.

Par P.-L. Jacob, bibliophile, in-8 écu imprimé sur papier vergé, couverture parchemin replié.   3 fr.

Il a été fait un tirage de luxe à 60 exemplaires, tous numérotés :

2 exemp. imp. sur parchemin,	n°	1 et 2.	40 fr.
6 — — papier du Japon,		3 à 8.	20 »
10 — — — de Chine,		9 à 18.	12 »
12 — — — teinté de Renage,		19 à 30.	8 »
30 — — — Seychall Mill,		31 à 60.	6 »

Les Bouquins. — Bouquinistes à la mode. — Bouquinistes de la vieille roche. — Bouquinistes avares. — Les Epiciers. — **Les** Etalagistes. — Les Bibliomanes. (Les Exclusifs. Les Fantasques. Les Curieux. Les Vaniteux. Les Thésauriseurs). — Les Bibliophiles. — Les Bouquineurs.

POÉSIES DE PROSPER BLANCHEMAIN.

Poèmes et poésies. (Couronnés par l'Académie française). — Foi, Espérance et Charité. — Fleurs de France. — Sonnets et Fantaisies. — 2 beaux volumes in-18 (256 et 246 pages). Edition de grand luxe, imprimée à 600 exemplaires numérotés, ornée du portrait de l'auteur et de cinq délicieuses eaux-fortes, gravées par Gaujean, Lerat et Mongin, d'après les dessins de Marius Perret.

500 exemp. sur papier teinté,	n° 101 à 600	20 fr.
50 — — vergé,	n° 51 à 100	30 »
25 — — Whatman,	n° 26 à 50	40 »
25 — — de Chine,	n° 1 à 25	40 »

Les exemplaires imprimés sur papier vergé, papier Whatman et papier de Chine ont des épreuves de chaque eau-forte, *avant toute lettre,* imprimées sur leur papier respectif, en noir, en bistre et en sanguine.

19.

LES AUTOGRAPHES EN FRANCE ET A L'ÉTRANGER.

Portraits. — Caractères. — Anecdotes. — Curiosités, par M. de Lescure. Paris, s. d., un beau vol. in-8 (de XII et 344 p.), broché. 8 fr.

C e sont les secres des Dames translates de latin en fransois mes il sont defandus de reveler a fame par nostre sainct pere le pape sus paine descomuniement en la Decretal ad meam doctrinam.

CE SONT LES SECRES DES DAMES
DEFFENDUS A RÉVÉLER
PUBLIÉS POUR LA PREMIÈRE FOIS D'APRÈS
DES MANUSCRITS DU XVᵉ SIÈCLE
AVEC DES FAC-SIMILE, UNE INTRODUCTION, DES
NOTES ET UN APPENDICE
PAR LES Dʳˢ AL. C*** ET CH.-ED. C***

Ce volume, de format in-8° écu, imprimé avec luxe, partie en caractères gothiques, par A. Quantin, sera tiré à :

300 exemplaires imprimés sur papier vergé.	12 fr.
15 — — papier de Chine. . . .	25 fr.
2 — — parchemin.	*vendus.*

CONNAISSANCES NÉCESSAIRES A UN AMATEUR
D'OBJETS D'ART ET DE CURIOSITÉ

Par Ancel Oppenheim, expert. Ouvrage contenant par ordre alphabétique le nom des objets, la date des époques de fabrication, les prix commerciaux, etc. Beau volume in-8° écu, imprimé sur papier vergé de Hollande, titre rouge et noir, couverture parchemin replié,   5 fr.

Il a été fait un tirage de luxe à 100 exmplaires, tous numérotés.

3 exemp. imp. sur parchemin	Nos	1 à	3	80 f.
12 — —	papier du Japon	4 à	15	40 »
15 — —	papier de Chine	16 à	30	25 »
20 — —	papier teinté de Renage	31 à	50	20 »
50 — —	papier Whatman	51 à	100	15 «

DE LA MATIERE DES LIVRES

Par un bibliophile. Un joli volume in-8 écu, imprimé avec grand soin sur papier vergé de Hollande, titre rouge et noir, couverture parchemin replié.   3 fr.

Il a été fait un tirage de luxe à 60 exemplaires, tous numérotés :

2 exemplaires imprimés sur parchemin	40 fr.
6 — —	papier du Japon	20 »
10 — —	papier de Chine	12 »
12 — —	papier teinté de Renage	8 »
30 — —	Seychall-Mill	6 »

IDÉE SUR LES ROMANS

Par D.-A.-F. de Sade, publiée avec préface, notes et documents inédits, par Octave Uzanne. Un joli volume in-12 d'environ 105 pages, titre rouge et noir, couverture illustrée, imprimée en rouge et en noir, sur papier reps anglais, vignettes et culs-de-lampe spéciaux, dessinés par Marius Perret.

500 Exemp. imprim. sur papier vergé à la forme.			4 fr.
1 — —	papier de couleur N° 1		
4 — —	parchemin	Nos 2 à 5	50 fr.
10 — —	papier du Japon	Nos 6 à 15	20 fr.
20 — —	papier de Chine	Nos 16 à 34	12 fr.
65 — —	Turkey-Mill	Nos 35 à 100	8 fr.

LE DROIT DU SEIGNEUR ET LA ROSIÈRE DE SALENCY

Par Léon de Labessade. Un beau volume in-12 (XVI et 260 pages), titre rouge et noir, couverture illustrée, imprimée en deux couleurs sur papier reps anglais, vignettes et culs-de-lampe spéciaux, dessinés par Marius Perret et imprimés en rouge.

Exemp. imp. sur papier vergé de Hollande à la forme		4 fr.
65 — — — Whatman Turkey-Mill 36 à 100		8 »
20 — — — de Chine (nos 16 à 35)......		12 »
10 — — — du Japon (nos 6 à 15)......		20 »
4 — — — parchemin (nos 2 à 5).....		50 »
1 — — — papier bleu, no 1 (vendu).		

NOTES D'UN CURIEUX

Par le baron de Boyer de Sainte-Suzanne. Un magnifique volume in-8 (428 pages), papier vergé.   10 fr.

Tirage à 300 exemplaires numérotés.

HISTOIRE DE L'ABBÉ DE RANCÉ ET DE SA RÉFORME, composée avec ses écrits, ses lettres, ses réglements monastiques et un grand nombre de documents contemporains et inédits ou peu connus. La seule approuvée par la Congrégation des Trappistes de l'abbé de Rancé, par l'abbé Dubois.

Deuxième édition corrigée et ornée de 8 dessins et d'un fac-similé. Paris, 1869. Deux beaux volumes in-8. . . . . . 15 fr.

Quelques exemplaires seulement.

LA VIE DE LA REINE ANNE DE BRETAGNE, par Le Roux de Lincy, 4 beaux volumes in-8 carré, imprimés chez Louis Perrin, ornés de plus de deux cents têtes de pages, fleurons et culs-de-lampe inédits et accompagnés d'un album de vingt-trois planches photographiées, reproduisant les portraits authentiques et les monuments historiques de Charles VII et Louis XII . . . . 25 fr.

Ouvrage publié à cinquante francs.

Ce n'est que par suite d'une convention spéciale que nous avons été autorisé, *pour un petit nombre d'exemplaires seulement,* à faire un rabais de cinquante pour cent sur le prix de publication.

VIENT DE PARAITRE

LA VERRERIE

ANTIQUE

DESCRIPTION DE LA COLLECTION CHARVET

PAR W. FRŒHNER

ANCIEN CONSERVATEUR DU LOUVRE

Volume grand in-folio, tiré à 150 exemplaires, orné de 36 vignettes et de 34 planches coloriées à la main, donnant les dessins grandeur nature de 127 verres. Prix. . . . . 250 fr.

Origines du verre. — Les verres opaques multicolores. — Verres imitant les pierres précieuses. — Verres polychromes imitant la texture du bois. — Verres à miniatures. — Verres ornés de gemmes artificielles. — Verres en forme de fruits et de figurines. — Verres ornés de bas reliefs. — Verres à décor géométrique. — Verres sans décors; formes, couleurs, oxydation. — Les verres doublés. — Les verres soudés. — Verres à monture d'argent. — Verres gravés et verres taillés. — Verres peints ou dorés. — Objets divers en pâte vitreuse. — Table géographique. — Liste des noms de verriers.

LE BRIC-A-BRAC DE L'AMOUR

Par Octave Uzanne, préface de J. Barbey d'Aurevilly, eau-forte, frontispice, composé et gravé par Adolphe Lalauze.

Un beau volume in-8 couronne, imprimé sur papier vergé, nombreux fleurons, culs-de-lampe et lettres ornées, imprimé en couleur titre bleu et noir, (épuisé sur papier vergé).

Justification des tirages de luxe.

4 exemp. imp. sur parchemin, numérotés de 1 à 4.				160 fr.
6 — — — papier du Japon — de 5 à 10.				80 »
10 — — — — de Chine — de 11 à 20.				50 »
30 — — — — Whatman — de 21 à 50.				24 »

TIRAGE IMPRIMÉ EN DEUX COULEURS

Fleurons, lettres ornées et culs-de-lampe en bleu flore, texte en rouge minéral, 50 exemplaires imprimés sur papier Whatman, numérotés de 51 à 100. 50 fr.

Epreuves du frontispice avant la lettre, (Épuisées).

EN NOIR.

Whatman.... fr. — Chine.... fr. — Japon.... fr.

EN SANGUINE OU EN BISTRE.

Whatman.... fr. — Chine.... fr. — Japon.... fr.

COUPS DE PLUME INDÉPENDANTS

Par A.-J. Pons. Un volume in-18 jésus de VI et 312 pages. . . . . 3 fr. 50

Cent exemplaires sur papier vergé de Hollande numérotés de 1 à 100 . . . . 7 fr. 50

Le succès du livre récemment publié par A.-J. Pons, *Sainte-Beuve et ses inconnues*, dont la douzième édition est en vente, a assuré d'avance à celui-ci de nombreux lecteurs.

DU MARIAGE

Par un philosophe du XVIIIe siècle. Avec préface, par Octave Uzanne. In-18 écu, de XIV et 96 pages, caractères elzéviriens.

Imprimé à 500 exemplaires sur papier vergé, numérotés de 1 à 500. 3 fr.

Et à 50 exemplaires sur papier Whatman, numérotés de 1 à 50. 6 fr.

UN BOUQUINISTE PARISIEN, LE PÈRE LÉCUREUX

Précédé d'un chapitre sur les joies du Bibliophile, suivi d'une lettre sur le commerce des ouvrages incomplets au XVIIIe siècle et d'un éloge du livre, par Alexandre Piedagnel, *frontispice à l'eau forte composé et gravé par* Maxime Lalanne, un joli volume in-18, titre rouge et noir, imprimé avec luxe, tiré à 500 exemplaires, tous numérotés

5 exemp. peau de vélin, numérotés, de 1 à 5			
15 — papier de Chine — 6 à 20			EPUISÉS.
30 — papier Turkey Mill — 21 à 50			
450 —, pap. v. de Hollande - 51 à 500			

Avis. — Il a été tiré du frontispice gravé à l'eau-forte, dont le sujet représente les bouquinistes du pont des Arts au pont des des Saint-Pères, 30 exemplaires sur Chine volant, grandes marges, *avant toute lettre*, numérotés, imprimés en noir, en bistre, en sanguine et en bleu. — Chaque épreuve   3 fr.

60 exemplaires sur Turkey Mill, grandes marges, *avant toute lettre*, numérotés, imprimés en noir, en bistre, en sanguine et en bleu. — Chaque épreuve.   2 fr.

CAPRICES D'UN BIBLIOPHILE, par Octave Uzanne.

500 exemp. sur papier vergé de Hollande			épuisés
50 — — Whatman, numérotés de 1 à 50			—
10 — — de Chine numérotés de I à X			—
2 — sur parchemin de choix			—

Il a été tiré en outre 10 exemplaires sur papier de couleur non destinés au commerce.

Beau volume in-8o écu de VIII et 150 pages, orné de jolis fleurons et culs-de-lampe spéciaux, d'un titre composé par Marius Perret et gravé par A Bellenger, et d'une délicieuse eau-forte dessinée et gravée par Adolphe Lalauze.

AVIS. — Vingt-cinq épreuves du frontispice (sanguine, noir et bistre) avant toute lettre, ont été tirées pour les amateurs qui pourront se les procurer aux prix suivants :

Épreuve sur papier vergé	4 fr.
— — de Chine	6 fr.
— — du Japon	8 fr.

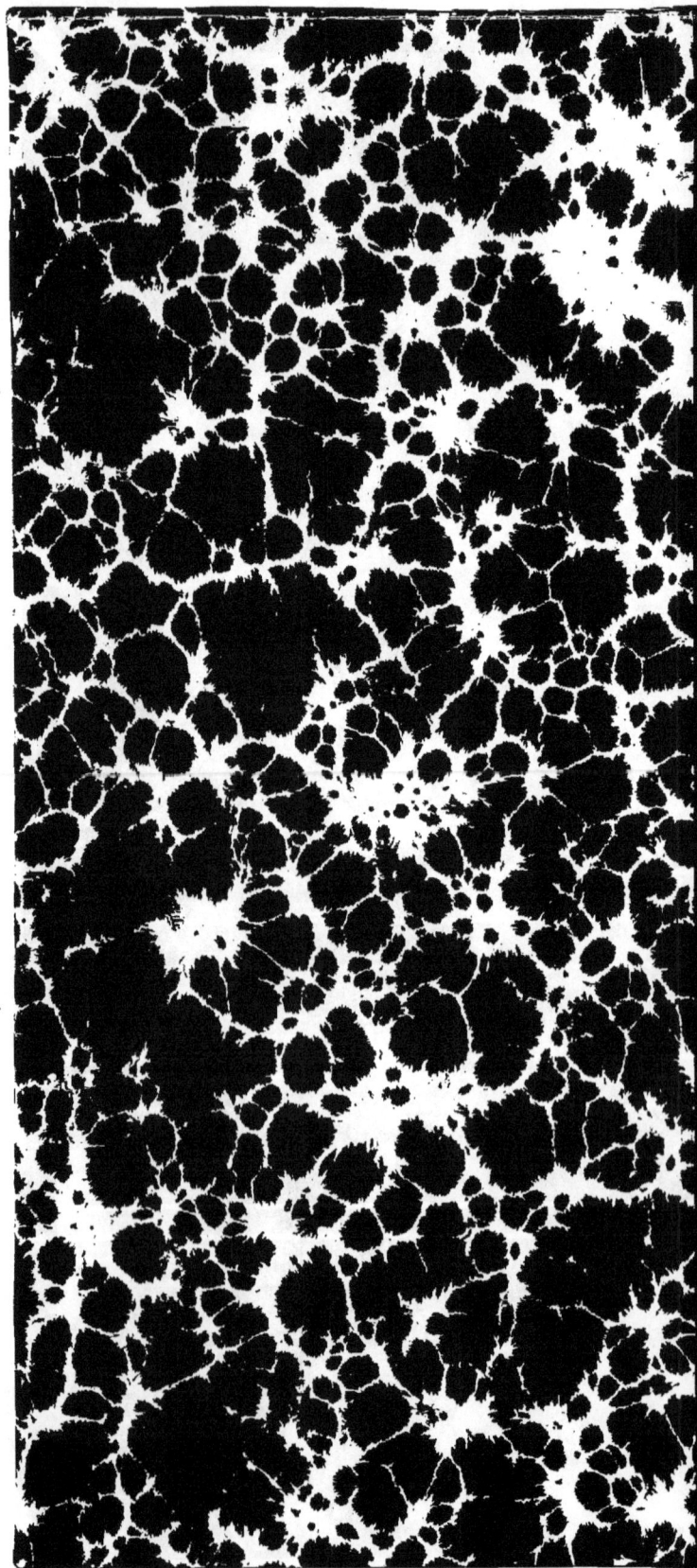